Die Traktor-Technikgeschichte

Die heutigen Traktoren sind vielseitig einsetzbare Arbeitshilfen. Vor wenigen Jahrzehnten war ein Mähwerk für den Frontanbau noch selten.

Albert Mößmer

Die Traktor Technikgeschichte

Glühkopf, Allrad und Elektronik-Hirn

Unser komplettes Programm:
www.geramond.de

Produktmanagement: Patrick Grootveldt, Martin Distler
Schlussredaktion: Michael Dörflinger

Satz: Elke Mader, München
Repro: Cromika s.a.s., Verona
Umschlaggestaltung: unter Verwendung von Fotos von AGCO/Fendt, Same Deutz-Fahr, Allgaier und Library of Congress
Herstellung: Thomas Fischer
Printed in Slovenja by Korotan, Ljubljana

Alle Angaben dieses Werkes wurden vom Autor sorgfältig recherchiert und auf den aktuellen Stand gebracht sowie vom Verlag geprüft. Für die Richtigkeit der Angaben kann jedoch keine Haftung übernommen werden. Für Hinweise und Anregungen sind wir jederzeit dankbar.
Bitte richten Sie diese an:
GeraMond Verlag
Postfach 40 02 09
D-80702 München
E-mail: lektorat@verlagshaus.de

Die Deutsche Nationalbibliothek verzeichnet diese Publikation in der Deutschen Nationalbibliografie; detaillierte bibliografische Daten sind im Internet über http://dnb.d-nb.de abrufbar.

© 2011 GeraMond Verlag GmbH, München
ISBN: 978-3-86245-607-9

Umschlag-Vorderseite:

Die Traktoren waren in der Anfangszeit zumeist noch relativ einfache Gefährte mit einer vergleichsweise geringen Motorleistung, wenigen Gängen und kaum Fahrkomfort. So hatte das Dieselross von Fendt (oben) einen Einzylinder-Motor und kaum Extras. Der Porsche-Diesel wies bereits einige moderne Elemente auf, zum Beispiel eine ölhydraulische Kupplung (unten rechts). Im Laufe der Zeit entwickelten sich die nachfolgenden Schlepper-Generationen aber schnell, und das nicht nur in technischer Hinsicht, sondern auch, was ihre Größe betraf. Heutige Mittelklassetraktoren sind wahre Giganten, verglichen mit den Durchschnittsschleppern vor 50 Jahren. Einer von ihnen ist der links unten vorgestellte Agrotron von Deutz-Fahr.

Umschlag-Rückseite:

Die älteren Traktoren hatten meist einen einfachen, modularen Aufbau, so dass eine Vielzahl von Herstellern aus zugekauften Komponenten eigene Modelle zusammenbauen konnten (oben links). Bei heutigen Traktoren kommt komplizierte, modernste Technik zum Einsatz.
Die Kabine ist zum Hightech-Arbeitsplatz geworden (oben rechts). Die ersten Schlepper, so dieser englische Traktorpflug aus dem Jahr 1905, begnügten sich manchmal mit drei Rädern (unten rechts). Mittlerweile wird sogar schon mit sechsrädrigen Traktoren experimentiert, wie dieser Entwurf von Fendt zeigt (unten links).

Vorwort

Als erster Konstrukteur eines Traktors mit Verbrennungsmotor gilt John Carter aus dem amerikanischen Bundesstaat Illinois. Allerdings ist sehr wenig über ihn und seine Erfindung bekannt. Er soll 1889 mehrere Exemplare seiner Zugmaschine hergestellt aber die Produktion bald wieder aufgegeben haben. Mehr Informationen gibt es über John Froelich, der 1892 seinen ersten Traktor baute, und über die Firma Case, die kurz danach den Patterson-Traktor herstellte. Aber keiner dieser ersten Pioniere des Schlepperbaus war erfolgreich. Alle Exemplare, die Froelich von seinem Traktor hergestellt hatte, wurden von den unzufriedenen Kunden nach und nach wieder zurückgebracht. Nicht erfolgreicher war Adolph Altmann, der 1896 seinen „Trakteur" in Berlin vorstellte. Es sollte noch bis zur Jahrhundertwende dauern, bis die Technik so ausgereift war und man genügend Erfahrungen gesammelt hatte, dass die Schleppfahrzeuge in Serienfertigung gehen und in der Landwirtschaft tatsächlich gewinnbringend eingesetzt werden konnten.

Wie in anderen technischen Bereichen, so verlief auch die Entwicklung des Traktors anfangs langsam, gewann aber immer mehr an Fahrt und hat heute eine Geschwindigkeit erreicht, die es schwierig macht, den Überblick zu behalten, wenn man sich nicht ausführlich mit der Thematik beschäftigt. In der Anfangszeit des Schlepperbaus ging es vor allem darum, funktionierende, bezahlbare Maschinen mit genügend Leistung auf die Felder oder Straßen zu bekommen. Komfort war zu dieser Zeit noch nicht so wichtig. Die Traktoren waren laut, sie rauchten und nahmen keine Rücksicht auf die Gesundheit des Fahrers. Sobald aber der dringendste Bedarf gestillt war, schlug die Entwicklung nicht nur in Hinsicht auf die Leistungsstärke eine schnellere Gangart ein. Die Traktoren wurden bequemer, vielseitiger – und in letzter Zeit auch „intelligenter". Der Computer spielt heute eine wichtige Rolle in der Schleppertechnik.

Dieses Buch bietet einen Überblick über die Entwicklung eines Nutzfahrzeugs, das die Arbeit in der Landwirtschaft revolutionierte. Es beginnt mit den Vorläufern des Traktors, den ersten Versuchen, die tierische und menschliche Arbeitskraft durch die mechanische Kraft zu ersetzen, und behandelt die verschiedenen Entwicklungsstufen bis hin zum modernen Hightech-Fahrzeug. Beim Lesen dieser Technikgeschichte des Traktors wünsche ich viel Spaß.

Albert Mößmer

INHALT

Vorwort 5

Die Landwirtschaft vor dem Traktor

Ochsen, Pferde und Muskelkraft:
Die Landwirtschaft der Vergangenheit 10
Wie es begann 10
Ochs' und Esel – die Landwirtschaft im Mittelalter 11
Zögerliche „Wiedergeburt" 12
Landmaschinen im Zeitalter der Erfindungen 14
Die Industrielle Revolution auf dem Acker 16

Lokomobilen und Motorpflüge:
Die Vorläufer der Traktoren 20
Die ersten Lokomobilen 20
Fowler, Eyth und die Dampfseilpflüge 21
Lokomobilen in den USA 22
Deutsche Zugmaschinen 23
Eine deutsche Erfindung: Motorpflüge 24

Motorisierte Fahrgestelle:
Die ersten Traktoren 26
Vom Froelich-Traktor zum Waterloo Boy 26
Traktoren in den USA 27
Europa zögert noch 28
Deutsche Versuche vor dem Ersten Weltkrieg 29
Ford revolutioniert die Landwirtschaft 30

Der Traktor wird serienreif:
Der Aufschwung der Schlepperproduktion .. 32
Fordson in Europa 32
Ferguson, der Vater der grauen Fergie 32
Farmall und General Purpose 33
Frankreich baut Traktoren 35
Italien und Österreich 36
Entwicklung in Deutschland 37

Vom Glühkopf zum Schlepperboom

Schlepper mit Glühkopf:
Lanz setzt neue Maßstäbe 42
Der Bulldog setzt sich durch 42
Glühkopf in Italien 43
HSCS, Ursus und andere 45

Die Stunde des Diesel:
Der Dieselmotor gewinnt das Rennen 47
Einführung des Dieselmotors 47
Der Aufstieg von Deutz als Traktorbauer 48
Hanomag zieht nach 50
Weitere Firmen wechseln zum Dieselantrieb 51
Grasmäher und Bauernschlepper 53

Mit Fichten durch den Krieg:
Die Holzgasschlepper 54
Imbert und das Problem der Rohstoffe 54
Holzgas-Modelle 55

Die Zeit der Bauernschlepper:
Aufbruch nach dem Zweiten Weltkrieg 56
Aus der Not geboren: erste Schlepper 56
Die etablierten Firmen 56
Neue Anbieter drängen auf den Markt 60
Untergang der ersten Firmen 63

Zunehmende Spezialisierung der Traktoren

Steigende PS-Leistung, abnehmende Zahl der Hersteller:
Die Absatzkrise der 1960er und 1970er 66
Lanz – das Ende und der Neuanfang mit John Deere .. 66
Andere Firmen, die in die Krise geraten 67
Veränderungen auf dem Markt 68

INHALT

Landwirtschaft mit neuem Bedarf 69
Mit neuer Technik gegen die Krise 71
Designer-Traktoren 72
Die schützende Kabine 73

Mit dem Geräteträger zum Einmannsystem:
Fehlschlag und Erfolg eines Schlepperkonzepts 75
Lanz und der Alldog 76
Erfindergeist und Fehlschläge 79
Geräteträger im Alpenblau: der Eicher-Kombi 81
Fendt und das Einmannsystem 82

Kraft auf vier Rädern:
Der Allradantrieb setzt sich durch 85
Die ersten Allradschlepper 86
MAN und der Allradantrieb 88
Same und der Allradantrieb 89
Die großen Knicklenker 90
Die kleinen Knicklenker 93
Der Siegeszug des Allradantriebs 93

Experimente und Sonderentwicklungen:
Vom Dreirad- zum Achtradtraktor 95
Same 3 R 10 95
Claas und der Huckepack 97
Die Einachsschlepper 97
Valmet 1502 mit der Tandemachse 99
Der Hanggeräteträger der Reform-Werke 100
Fendt Trisix 101
Deutz-Fahr AgroXXL 102

Die zunehmende Spezialisierung:
Schmalspur- und Kompaktschlepper 103
Varimot 103
Lanz und die Spezial-Bulldogs 103
Die Schmalspurschlepper bei Allgaier und Porsche .. 104
Schmalspurschlepper im Eicher-Blau 106

Carraro 108
Die kleinen Schlepper der Großen 109

Die modernen Traktoren und ihre Technik

Systemschlepper:
Vom Intrac zum Fastrac 112
Unimog 112
Deutz Intrac 113
MB-trac 115
Fendt Xylon 116
Claas Xerion 118
JCB Fastrac 119

Auf Stahl und Gummi:
Von den ersten Gleisketten zu den modernen Gummibandlaufwerken 120
Die ersten Raupentraktoren 120
Die Hanomag-Kettenschlepper 122
Ackergiganten auf Bandlaufwerken 122

Leichtes Schalten:
Stufenlose Getriebe und moderne Wendegetriebe 124
Ruckfrei mit der Strömungskupplung 124
Stufenlos mit hydrostatischen Getrieben 126
Verlustfrei mit der Leistungsverzweigung 127

Der Traktor denkt mit:
Bord-Computer und automatische Fahrsysteme 129
Vorgewende-Management 130
Exaktes Fahren 131
Daten sammeln 132

Über den Autor 134
Bildnachweis 134

Die Mechanisierung der Landwirtschaft war in weiten Teilen eine sehr späte Entwicklung. Traktoren ersetzten die Zugtiere im großen Stil erst in den 50er-Jahren.

Die Landwirtschaft vor dem Traktor

DIE LANDWIRTSCHAFT VOR DEM TRAKTOR

Ochsen, Pferde und Muskelkraft:
Die Landwirtschaft der Vergangenheit

Wie es begann

Wenn man heute einen der neuen Großtraktoren mit einer Ballenpresse oder einem großen Silierwagen fahren sieht, dann kann man sich fast nicht vorstellen, dass die Landwirtschaft seit Jahrtausenden eine schwere körperliche Tätigkeit war, die die Menschen auslaugte.

Die frühesten Zeugnisse bäuerlicher Tätigkeit stammen aus den frühen Hochkulturen der Antike. Vor allem an Flussläufen hatten sich Menschen niedergelassen, um Getreide anzubauen und Tierzucht zu betreiben. Anders als die Jäger und Sammler waren sie darauf angewiesen, sich die Erde untertan zu machen. Sie entwickelten einfache Werkzeuge für die Bodenbearbeitung, schufen ein Bewässerungssystem, mit dessen Hilfe die Anbaufläche vergrößert werden konnte.

In der Antike war der wichtigste Vorläufer des Traktors noch – der Mensch. Bodenbearbeitung, Aussaat, Ernte und Abtransport in die Kornkammern waren Tätigkeiten, die den Sklaven oder Fellachen (arabisch: falaha: den Boden bearbeiten) auferlegt wurden. Auch Kinder hatten selbstverständlich mitzuhelfen.

Die Pflugarbeit ist zu Beginn mit einem einfachen Ast erledigt worden, den man vorn anspitzte und mit den Händen durch das Feld zog, um eine Rinne zu schaffen, in die das Saatgut abgelegt werden konnte. Natürlich war solch ein Holz nicht besonders lange haltbar und der Kraftaufwand konnte bei harten Böden enorm sein. So kam man auf den Gedanken, diese Arbeit gemeinsam zu erledigen. Eine oder zwei Personen zogen den primitiven Pflug und eine andere führte ihn, so dass eine regelmäßige Furche entstand.

Noch einen Schritt weiter gingen einige Bauern, die daran dachten, diese Zugaufgabe gezähmten Tieren anzuvertrauen. Das geschah bereits mindestens im vierten Jahrtausend vor Christus. Meistens wurden Ochsen herangezogen, da man bei ihrer Gutmütigkeit nicht damit rechnen musste, dass sie ausbrachen oder den Mann hinter dem Pflug gefährdeten. Es wurde eine Befestigungsmöglichkeit entwickelt: das Joch und das Geschirr, womit die Ochsen mit dem Grindel verbunden waren. Ochsen waren die idealen Arbeitstiere in der Landwirt-

Im alten Ägypten, das zeigt dieses antike Wandgemälde, war die Getreideernte Hand- und Teamarbeit. Ägypten war berühmt für sein hervorragendes Bewässerungssystem.

OCHS' UND ESEL – DIE LANDWIRTSCHAFT IM MITTELALTER

schaft. Sie eigneten sich auch zum Ziehen von Wagen, wie man einige Zeit später feststellen konnte. Der Ochse ist in manchen Teilen der Welt sogar noch heute ein wichtiger Helfer in der Landwirtschaft.

Wer sich keinen Ochsen leisten konnte, steckte auch die Milchkuh ins Joch oder einen großen Hund. Schlimmstenfalls musste sogar die Ehefrau dran glauben. Die Aussaat geschah – wie man auf dem antiken Gemälde sieht – mit der Hand, das Saatgut wurde in einem Säckchen mitgeführt, später auch in einer Saatschürze.

Einen weiten Schritt nach vorn machte die Landtechnik bei den Römern. Dieses alte Bauernvolk war stets stolz auf seine Herkunft und hielt die Landwirtschaft in hohem Ansehen. So legte ja bereits im Gründungsmythos Roms Romulus die Grenzen der Stadt mit seinem Pflug fest. Sie entwickelten die Bodenbearbeitungs- und Erntegeräte weiter. Es soll sogar eine Sämaschine und eine Vorrichtung zum Dreschen des Getreides gegeben haben.

Ochs' und Esel – die Landwirtschaft im Mittelalter

Die Stürme der Völkerwanderung und das Hausen der wilden Völker aus dem Norden und Osten hatten über die Jahrhunderte einen großen Teil des Wissens, auch der Kenntnisse über die Landwirtschaft, in Vergessenheit geraten lassen. Nur die einfachsten Gerätschaften wie Sense, Rechen und Sicheln wurden weiter verwendet. Die Pflüge des frühen Mittelalters hatten nicht mehr die Perfektion der römischen. Im Frankenreich, das sich nach dem Zerfall des Römischen Imperiums auf deutschem und französischem Boden gebildet hatte, waren die Bauern ursprünglich frei. Doch das Lehenssystem, auf dem sich nicht nur die Gefolgschaft im Kriegsfall, sondern auch die Besitzverhältnisse von Land gründeten,

verurteilte immer mehr Bauern, die ihren Lehnspflichten, sprich Abgaben, nicht nachkommen konnten, zur Leibeigenschaft gegenüber dem Lehnsherrn.

Der Bauernstand verkam zum Opfer einer über weite Strecken grausamen Gesellschaft. Die Einzelperson zählte nicht mehr viel in einer Zeit, die von Hunger, Seuchen und Überfällen fremder Völker geplagt war. Wieder war der Mensch die wichtigste „Arbeitsmaschine" der Landwirtschaft. Wer es sich leisten konnte, hielt sich einen oder zwei Ochsen als Zugtiere, im Norden wurden zunehmend auch Pferde vor den Wagen oder den Pflug gespannt. Als Lasttiere zum Transport dienten wie schon seit Alters her oft ein Esel oder ein Maultier.

In vielen Regionen herrschte das Gesetz der Erbteilung. Das bedeutete, dass der Land-

Die alten Ägypter hatten bereits gezogene Pflüge. Ein vorn zugespitztes Holzstück wurde an einer Deichsel befestigt und von zwei Zugtieren bewegt. Der Landwirt führte den Pflug mit einer Hand, mit der anderen trieb er die Tiere an.

Mit solchen Krummhölzern wurde in der Vorgeschichte und in der Antike die Furche gezogen, in die das Saatgut verbracht wurde. Das war natürlich mit einem sehr hohen Kraftaufwand verbunden.

DIE LANDWIRTSCHAFT VOR DEM TRAKTOR

Hacke und Spaten waren lange bis ins Mittelalter hinein praktisch die einzigen Arbeitsgeräte, die einem Bauern zur Verfügung standen. Die Hacke wurde sogar zum Symbol des Bauernstandes schlechthin.

Der Wissenschaft des Mittelalters war ein Fortschrittsgedanke fremd. Man war in diese Welt hineingeboren und musste an dem vorgesehenen Platz seine Pflicht erfüllen. So kam niemand auf die Idee, Geräte zu erfinden, die das bäuerliche Leben und Arbeiten erleichtern würden. Auf der anderen Seite war die mittelalterliche Gesellschaft in Europa arm an Rohstoffen, weshalb es oft schwer war, für die Werkzeuge das geeignete Metall bereitzustellen. Wichtigster Baustoff war das Holz, das wenigstens in reichen Mengen zur Verfügung stand. Allerdings nutzte es natürlich stark ab, häufige Reparaturen wurden nötig.

Eine immer wichtigere Rolle in der Landwirtschaft gewann im Mittelalter die Kirche. Der christliche Jahreskreis teilte das Leben ein und er regelte auch die Arbeitszeiten der Bauern mit. An bestimmten Tagen durfte man nicht aufs Feld hinausfahren, an einigen Tagen sowie im ganzen Dezember war das Pflügen verboten. Allerdings hieß das nicht etwa, dass die Bauern dann Urlaub gehabt hätten. In diesen Tagen mussten die Gerätschaften gepflegt und ausgebessert werden.

Zögerliche „Wiedergeburt"

Im Italien des 14. Jahrhunderts begann eine Entwicklung, die als „Rinascimento" bezeichnet wurde und bei uns unter der französischen Bezeichnung Renaissance bekannt ist. Beide Begriffe meinen das Gleiche, nämlich Wiedergeburt. In Italien begannen Künstler und Wissenschaftler, die althergebrachten Kenntnisse anzuzweifeln und machten sich Gedanken über die Welt. Dabei waren die Kenntnis des menschlichen Körpers, der Astronomie und Architektur sicherlich die bevorzugten Wissensgebiete. Leonardo da Vinci und Raffael schufen ihre berühmten Gemälde, doch die Landschaft, das sah man gleich, spielte eher eine untergeordnete Rolle.

besitz unter den Erben gleichmäßig aufgeteilt wurde. So verringerte sich die durchschnittliche Größe der Höfe, was natürlich auch die Verarmung der Bauern weiter verstärkte. Es fehlte vielfach sogar am Geld für einen Pflug. Stattdessen musste mit Spaten und Hacken aufs Feld gezogen werden.

ZÖGERLICHE „WIEDERGEBURT"

So ging es auch der Landwirtschaft. Kaum einer beschäftigte sich mit ihr. Immerhin aber konnte im 15. Jahrhundert mit dem Kehrpflug eine gewisse Arbeitserleichterung eingeführt werden. Doch weiterhin wurde das Tragen von Lasten den Eseln aufgehalst. Zugtiere brachten das Erntegut auf die Höfe. Auch die Pflugarbeit oder das Eggen konnten mit den Ochsen oder Pferden verrichtet werden. Aber für die Ernte konnte man lediglich auf die eigenen Hände bauen.

Der gleichmäßige Tagesablauf der Bauernschaft wurde jedoch durch Ereignisse unterbrochen, die diesem Stand einen hohen Blutzoll abverlangten. In Deutschland begann 1517 die Reformation, in deren Folge die schrecklichen Bauernkriege ausbrachen. Es war ein Aufstand der unterdrückten Landbevölkerung gegen die Adligen, die es sich gut gehen ließen. Doch mit Sensen und Hacken konnte man gegen gut ausgebildete Ritterheere nicht bestehen. Das Ergebnis war ein Festschreiben der Situation. An Verbesserungen war nicht zu denken. Im Gegenteil: es kam noch schlimmer. Hundert

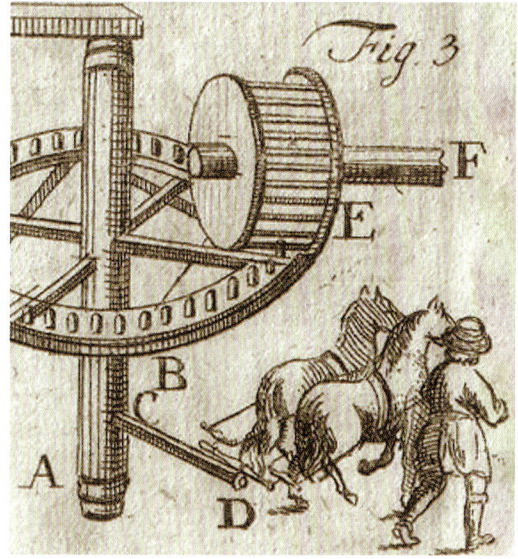

Ein Göpel war eine interessante Konstruktion, die es ermöglichte, beispielsweise eine Mühle zu betreiben, ohne Wasser- oder Windkraft zur Verfügung zu haben.

Jahre später begann der Dreißigjährige Krieg. Wieder einmal wurden die Bauern zu Opfern. Feindliche und eigene Heere, die durch das Land zogen, holten sich von den ungeschützten Höfen das, was sie brauchten. Nur allzu oft wurde nicht nur geplündert, sondern man brannte die Dörfer nieder und tötete die Bewohner. Wer seine Tiere verlor, sah sich plötzlich nicht mehr in der

Hier sieht man einen Pflug mit Stelzrad und Messersech sowie einer flachen, länglichen Schar. Mit diesem Beetpflug konnte man nur in eine Richtung arbeiten.

DIE LANDWIRTSCHAFT VOR DEM TRAKTOR

Neben der Sichel kam die Sense zum Einsatz. Gerade auf Bergwiesen kann man noch heute sehen, wie das Gras mit einer Sense gemäht wird.

Albrecht Thaer war einer der großen deutschen Reformer der Landwirtschaft. Er hat die Landwirtschaftslehre begründet und den Fruchtwechsel eingeführt.

Lage, die Feldarbeit effektiv zu verrichten. Dadurch kam es zu gravierenden Ernterückgängen.

Landmaschinen im Zeitalter der Erfindungen

Nach vielen Jahrhunderten des technischen Stillstands rührten sich erste Kräfte in England. Dort war Ende des 17. Jahrhunderts der Jurist und Gutsbesitzer Jethro Tull damit befasst, die Feldarbeit einfacher zu gestalten und zu verbessern. Er erfand eine Reihe von Geräten, so einen Unkrautvernichter, eine Drillmaschine, oder er verbesserte Geräte. Dank der Drillmaschine war es nun auch möglich, Reihenkulturen anzubauen. Weitere Pioniere der Landwirtschaft befassten sich mit Züchtung oder verbesserten Pflügen, die erstmals eiserne Schare bekamen.

Im 18. Jahrhundert festigte England seine Position als führende Nation in der Landtechnik. Die Dreschmaschine von 1786 war vielleicht die wichtigste, doch auch Grasmäher, Kartoffelerntemaschinen und viele andere Gerätschaften sorgten dafür, die Arbeit in der Landwirtschaft etwas einfacher

LANDMASCHINEN IM ZEITALTER DER ERFINDUNGEN

zu machen. Die meisten der armen Bauern konnten sich solche Geräte jedoch nicht leisten. Vielfach war man auch zu dieser Geldausgabe nicht bereit, denn die Verwandten und Knechte arbeiteten noch billiger.

In Deutschland wurde die Technisierung der Landwirtschaft mit einer größeren Verzögerung begonnen. Die Aufklärung sorgte erstmals dafür, dass sich Menschen wissenschaftlich mit der Landwirtschaft befassten. Die Fortschritte gingen jedoch zunächst in eine andere als die technische Richtung. Die Auswahl der angebauten Feldfrüchte: Futtermittel, Fruchtwechsel, Einführung von Rüben und Kartoffeln – dazu wurde erkannt, dass man mit der Stallfütterung effektiver vorankam. Weil man sah, dass die Engländer auf dem Gebiet der Landwirtschaft einen großen Vorsprung hatten, wurden „Entwicklungshelfer" von der Insel ins Land geholt. Eine besonders wichtige Gestalt war der aus Celle gebürtige Albrecht Thaer. Seine „Grundsätze der rationellen Landwirtschaft" aus den Jahren 1809 bis 1812 wurden zu einem Standardwerk und begründeten die Landwirtschaftslehre. Auf seine Anregung hin entstand in Celle die erste landwirtschaftliche Lehranstalt. Auch in Preußen und anderen Ländern wurden derartige Anstalten gegründet. Besonders wichtig wurden die Einrichtungen in Hohenheim bei Stuttgart und Weihenstephan bei Freising. Dort setzt sich die Lehrtradition noch heute fort. In Hohenheim, das heute zur baden-württembergischen Hauptstadt gehört, befindet sich das Deutsche Landwirtschaftsmuseum.

Die Wissenschaft brachte auch praktische Erkenntnisse zur Bodenbearbeitung. So wurden Versuche mit verschiedenen Walzen- und Eggenformen angestellt. Die Pflugformen wurden an die speziellen Bodenqualitäten angepasst. So gab es in den Ländern Europas verschiedene Formen. Doch immer noch waren es Tiere, die vor die Bodenbearbeitungsgeräte gespannt wurden und die gefüllten Wagen auf die Höfe zogen.

So stellten sich viele das Bauernleben vor: als rustikale Idylle. In Wirklichkeit mussten sich die Bauern plagen, um ihre Ernte einzuholen. Alles geschah per Hand oder mit Hilfe von Zugtieren.

DIE LANDWIRTSCHAFT VOR DEM TRAKTOR

Hier sieht man verschiedene Bauteile von Drillmaschinen und eine große sowie eine kleine Drillmaschine aus der Zeit um 1900.

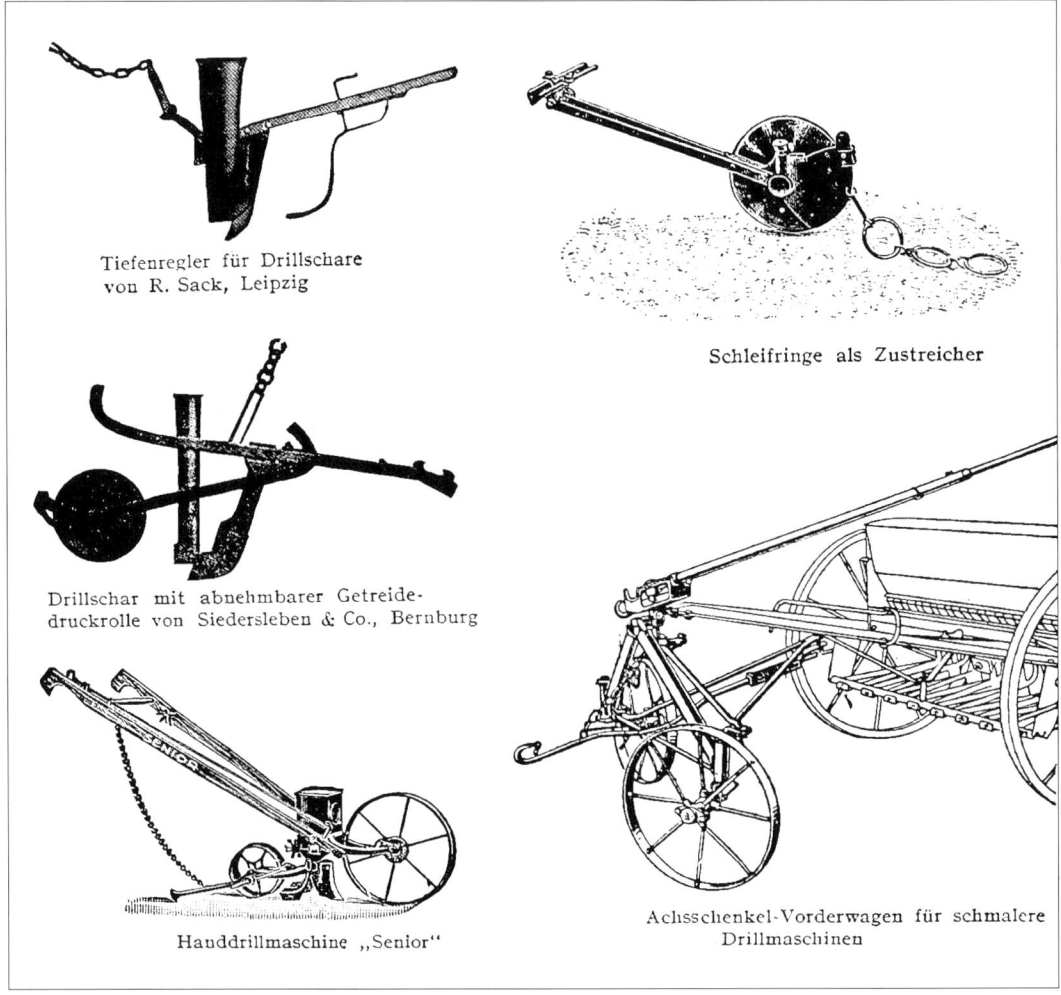

Tiefenregler für Drillschare von R. Sack, Leipzig

Schleifringe als Zustreicher

Drillschar mit abnehmbarer Getreidedruckrolle von Siedersleben & Co., Bernburg

Handdrillmaschine „Senior"

Achsschenkel-Vorderwagen für schmalere Drillmaschinen

Die Industrielle Revolution auf dem Acker
Über die Jahrhunderte hinweg waren landwirtschaftliche Geräte als Einzelstücke entweder von den Bauern oder vom Schmied und anderen Handwerkern selbst hergestellt worden. Als in England die Industrialisierung einsetzte, wurden die traditionellen Fertigungstechniken beiseite gedrängt. Eine fabrikmäßige Produktion vieler gleicher Exemplare konnte wesentlich schneller und billiger erfolgen. Die verschiedenen Arbeitsgänge wurden aufgeteilt und die gezähmte Dampfkraft sorgte für Energie.

Die Bevölkerungsexplosion dieser Jahre wurde für die Landwirtschaft zu einer großen Herausforderung. Die Feldwirtschaft musste effektiver werden, Ödland musste gerodet werden. Ausgehend von England wurden deshalb die Landmaschinen immer wichtiger. Die Industrie sorgte mit massenhaft hergestellten Sensen und Pflügen, aber auch Dresch- und Drillmaschinen für zuverlässige Arbeitshilfen.

In den noch jungen Vereinigten Staaten von Amerika hatten sich die Dinge etwas anders entwickelt. Die Landflächen der Gebiete östlich und westlich des Mississippi schienen unendlich weit zu sein. Den Menschen, die sich dort als Farmer niedergelassen hatten, fehlten die nötigen Arbeitskräfte. Keiner leistete gerne Dienste als Knecht, wenn er ein paar Meilen weiter weg eine eigene Farm gründen konnte. Diese Not machte einige Männer erfinderisch. So gelang es in Moline, Illinois, einem Schmied namens John Deere, den selbstreinigenden Stahlpflug zu erfinden. Der Farmerssohn Cyrus McCormick baute eine gut funktionierende Mähmaschine. Andere Maschinen wurden erfunden, zum Beispiel Getreidemäher oder Mähbinder. Es wurden Firmen gegründet, die bereits um 1870 in großen Mengen Landmaschinen industriell fertigten. Einige dieser Namen, zum Beispiel John Deere, Case, Massey, Harris oder McCormick sind heute noch in der Landtechnikbranche bekannt – zum Teil als Marken großer Konzerne – und sind auch als Hersteller von Traktoren ein Begriff.

In Deutschland und den meisten westeuropäischen Ländern hingegen war man einen anderen Weg gegangen. Hier war dank der vielen Arbeitskräfte, dem Landproletariat, weniger die Erntetechnik ein Problem, sondern der fehlende Boden vor allem der vielen kleinen Bauern. Das Ziel der Wissenschaft und Industrie war es deshalb nicht, Maschinen bereitzustellen, sondern aus dem vorhandenen Boden einen besseren Ertrag zu ziehen. So wurde eine chemische Industrie geschaffen, die den Landwirten Kunstdünger und Schädlingsbekämpfungsmittel bereitstellte. Auch die Züchtung widerstandsfähiger Sorten wurde wichtig.

Gleichzeitig wurden die Anbauflächen in bisher unwegsame Regionen ausgedehnt. In Deutschland gab es viele Moorgebiete, die nun trockengelegt wurden. Der Anbau von Rüben und Kartoffeln wurde forciert, denn das waren wichtige Nahrungsmittel.

Die Vereinigten Staaten waren um 1870 die führende Nation in der Produktion landtechnischer Geräte. Einer der Pioniere war die Firma McCormick, die 1902 in der International Harvester Company aufging. Dieses Bild zeigt den Unternehmenssitz in Chicago im Jahr 1871.

DIE LANDWIRTSCHAFT VOR DEM TRAKTOR

Mit Erfindungen wie dem mechanischen Getreidemäher von McCormick setzten die US-amerikanischen Firmen neue Maßstäbe.

Deutsche Landmaschinenunternehmen begannen meist damit, Geräte aus England oder sogar aus den USA zu importieren. Ein prominentes Beispiel ist die Firma Lanz, die zum Beispiel Dreschmaschinen oder Grasmäher aus dem Ausland verkaufte. Doch man lernte von diesen Firmen, baute Maschinen nach und verbesserte sie oftmals auch noch. Vor allem in den Jahren nach 1870 stellte man einen starken Anstieg des

Seit der Erfindung der Drillmaschine um 1700 durch den Briten Jethro Tull, hatte sich am Prinzip nicht viel geändert. Auch Kunstdünger wurde mit dieser Methode ausgebracht.

DIE INDUSTRIELLE REVOLUTION AUF DEM ACKER

Landmaschinenbestandes in Deutschland fest. Bedeutende Unternehmen waren entstanden, die in der Zeit um 1900 sogar von weltweiter Bedeutung waren. Dazu zählten neben Lanz auch Fahr, Bautz oder die Pflugfirma Sack.

Die Transportinstrumente in jenen Jahren waren in der Regel – wie vor tausend Jahren schon – Ochsen, Pferde, Maultiere oder sogar Kühe und Hunde. Für den Weitertransport von Erntegut in die immer größer werdenden Städte standen Eisenbahnen und vor allem auch Schiffe zur Verfügung. Oftmals wurden diese Schiffe mit Pferden an Land durch den Fluss gezogen – vor allem natürlich gegen die Fließrichtung. Man nannte das Treideln. Wegen der großen Bedeutung der Tiere für das Arbeiten in der Landwirtschaft und im Transport erlebte das Zuchtwesen im 19. Jahrhundert eine echte Blütezeit. Viele Messen hatten ihre Höhepunkte in der Auszeichnung besonders leistungsfähiger Ochsen, Milchkühe oder Pferde. Doch die Tiere mussten verpflegt werden. Viele Felder mussten deshalb ausschließlich dem Anbau von Futtermitteln für den Viehbestand vorbehalten bleiben. Dadurch fehlten aber wieder große Anbauflächen für die Ernährung der schnell wachsenden Bevölkerung.

Eine interessante Sämaschine mit Dosiereinrichtung verkaufte um 1860 die Firma Lanz.

DIE LANDWIRTSCHAFT VOR DEM TRAKTOR

Lokomobilen und Motorpflüge:
Die Vorläufer der Traktoren

Die ersten Lokomobilen

In Großbritannien wurde zuerst erkannt, dass man mit der Dampfmaschine mehr anstellen konnte, als nur ortsfeste Maschinen zu betreiben. Zwar war ein Franzose namens Nicholas Cugnot bereits um 1760 daran gegangen, einen Wagen mit Dampf laufen zu lassen, doch ging diese Entwicklung erst einmal schief. In England wurden um 1800 erste Dampflokomotiven hergestellt. Sehr bald kam man auf die Idee, zu versuchen, ob man so eine Lokomotive auch für die Straße bauen konnte. Sie musste andere Räder bekommen und sollte möglichst leicht sein. An Geschwindigkeiten wie auf Schienen war natürlich nicht zu denken, doch angesichts der lokal begrenzten Fahrwege war das kein Problem.

Die ersten Lokomobilen hatten zwar Räder, aber keinen Antrieb, so dass diese Maschinen zum Einsatzort gezogen werden mussten. Dort arbeiteten sie dann als Kraftquelle, vor allem zum Betrieb von Dreschmaschinen, Strohpressen oder anderen Geräten. Vielerorts hatten sich Besitzer von Lokomobilen darauf verlegt, ihre Maschine zu verleihen oder ähnlich den heutigen Lohnunternehmern im Auftrag Arbeiten zu verrichten. Das war für viele Landwirte ein Segen, denn solch ein teures Gerät hätten sich die wenigsten leisten können.

Doch diese Lokomobilen hatten einen hohen Verbrauch an Wasser und Kohle oder anderen Brennstoffen. Diese mussten ebenfalls zum Einsatzort geschafft werden. Der Transport der Lokomobilen auf die Felder war wegen der mangelnden Qualität vieler Feldwege bei feuchtem und matschigem Untergrund ein großes Problem. Auch die Dorfwege waren natürlich noch nicht geteert. Dennoch: diese Maschinen konnten

In Amerika war es auch üblich, Lokomobilen vor schwere Pflüge und andere Arbeitsgeräte zu spannen, um damit Feldarbeiten zu verrichten. Dieses Modell stammt von der Firma Case.

FOWLER, EYTH UND DIE DAMPFSEILPFLÜGE

Auf diesem alten Bild ist zu sehen, wie ein Dampfseilpflug betrieben wurde. Die Lokomobile brauchte einen eigenen Versorgungswagen, der das nötige Wasser bereitstellte. Der Pflug bestand aus zwei spiegelverkehrten Seiten, die abwechselnd für die verschiedenen Arbeitsrichtungen benutzt wurden.

die schwere Handarbeit der Bauern unterstützen und stellten einen großen Fortschritt dar.

Fowler, Eyth und die Dampfseilpflüge

In England wurden um 1850 neue Ideen ersonnen. Die Frage war, wie man die vielleicht kraftaufwendigste Feldarbeit, das Pflügen, maschinell bewältigen konnte. Einige Vorschläge waren gemacht worden, doch es war schließlich erst John Fowler aus Leeds, der 1858 ein geeignetes System entwickelt hatte. Die Lokomobilen spielten dabei eine herausragende Rolle. Sie waren ohnehin in der Landwirtschaft bereits im Dienst. Für den Pflugeinsatz sollten sie eine Seilwinde bedienen. Der verwendete Pflug war als Kipppflug konstruiert, der in der Mitte auf einer Achse mit großen Rädern lag. Eine Person saß über dem hinteren Bereich des Pflugrahmens, um die Steuerung zu übernehmen und gleichzeitig durch ihr Gewicht dafür zu sorgen, dass die Pflugschare genügend tief arbeiteten. Dieser Pflug wurde nun durch die Seilwinden zweier gegenüber an den Feldrändern stehender Lokomobilen über den Acker gezogen. Die Maschine, die gerade nicht ziehen musste, konnte gewartet werden. Es gab überdies einfachere Versionen, wo nur eine Lokomobile eingesetzt wurde und das Seil dann über Führungen rundum lief. Sehr bald wurden auch andere Bodenbearbeitungsgeräte angeboten, die mit dieser Seilzugtechnik übers Feld gezogen wurden, so zum Beispiel Grubber, Eggen oder Walzen.

Einer der wichtigsten Mitarbeiter Fowlers war der Deutsche Max Eyth. Er konnte an der Technik einige Verbesserungen vornehmen

Max von Eyth war nicht nur einer der Pioniere des Dampfseilpflugs, sondern auch der Gründer der DLG, die ihn heute noch verehrt.

DIE LANDWIRTSCHAFT VOR DEM TRAKTOR

Zum zweitgrößten Hersteller von Lokomobilen auf der Welt wurde die Mannheimer Firma Lanz, die auch in großen Mengen Dreschmaschinen verkaufte.

und wurde – unter anderem in Ägypten – damit beauftragt, die Kunden in die Arbeitsweise und Wartung dieser Systeme einzuführen. Über seine Erlebnisse hat er später gerne gelesene Bücher geschrieben, doch viel wichtiger war für die deutsche Landwirtschaft sein Anstoß zur Gründung der Deutschen Landwirtschafts-Gesellschaft (DLG) nach dem Vorbild der Royal Agricultural Society of England.

Dampfseilpflüge haben sich bis weit ins 20. Jahrhundert gehalten. Später wurden die Seilwinden oft mit Verbrennungsmotoren betrieben, was die langen Anheizphasen und die mühsamen Reinigungsarbeiten der Lokomobilen ersparte. Eines aber war immer klar: Diese Technik konnte nur auf einigermaßen flachen und regelmäßigen Feldern ohne Hindernisse eingesetzt werden. Angesichts des hohen Preises lohnte sich der Dampfseilpflug nur für große Güter.

Lokomobilen in den USA

In den Vereinigten Staaten und Kanada nahm die Geschichte der Lokomobilen eine etwas andere Richtung. Dort hatte man es in den Prärien des mittleren Westens mit Böden zu tun, die noch nie bearbeitet worden waren. Sie waren fest und hart. Hier konnte man eine Lokomobile durchaus darüberfahren lassen, ohne dass sie einbrach. Man unternahm deshalb Versuche, mit einer Zugmaschine und einem angehängten Pflug über eine Landfläche zu fahren. Es funktionierte.

Jetzt konnten plötzlich riesige Felder bewirtschaftet werden, die sich zum Teil über mehrere Kilometer erstreckten. Die Farmer konnten sogar mehrere Pflüge hintereinander hängen, wodurch sie enorme Arbeitsbreiten erreichten. Zu den wichtigsten Anbietern solcher Zugmaschinen zählten Case, Minneapolis und Advance-Rumely, die später auch Traktoren bauten. Eine Lokomobile von Case leistete fast 150 PS und konnte bis zu 30-scharige Pflüge ziehen. Diese Firma war damals auch der größte Dampfmaschinenproduzent der Welt.

Der Name Traktor stammt übrigens von diesen Zugmaschinen, denn im Gegensatz zu den gezogenen hießen die Lokomobilen, die selbst fahren konnten, „Traction drive engines", und weil Amerikaner gerne alles abkürzen, „Tractor".

Deutsche Zugmaschinen
Auch in Deutschland wurden dampfbetriebene Zugmaschinen immer häufiger. 1879 baute die Firma Lanz, die bisher Maschinen aus England importiert hatte, die erste Lokomobile selbst. Die ersten waren noch mit stehendem Kessel ausgeführt, später wurde der liegende Standard. Es hatten sich drei verschiedene Bauarten von Lokomobilen entwickelt: Die für die Arbeit mit dem Seilpflug vorgesehenen, die Straßenzugmaschinen und zuletzt die Dampfwalzen, die für den Einsatz im Straßenbau oder das Planieren größerer Flächen geschaffen wurden. Lanz stellte bis zur Jahrhundertwende alle drei ins Programm.

Ein wichtiger Konkurrent von Lanz war die Magdeburger Firma Wolf, die später den ersten Bulldog nachahmte. In Magdeburg konzentrierte sich diese Branche, denn auch Fowler hatte dort seinen Deutschlandsitz. Ebenso war dort die Firma Garrett Smith & Co. tätig. Von ihr stammte der Kessel der 1911 gebauten, hier abgebildeten Dampflokomotive der Firma A. Heucke aus Gatersleben, die seit 1884 Dampfseilpflüge produzierte. Außerdem war die Firma Kemna in Breslau wichtig. Kemna hatte Verbindungen zu Fowler, baute Dampfseilpflüge, wechselte früh zum Heißdampfverfahren. Auch MAN stellte im Nürnberger Werk Lokomobilen her.

Die Blütezeit dieser Fahrzeuge lag in der Zeit um die Jahrhundertwende zum 20. Jahrhundert. So verkaufte Lanz damals jährlich über 2.000 Stück. Doch die hohen Kosten und die eingeschränkten Verwendungsmöglichkeiten verhinderten es, dass sich Lokomobilen massenhaft verbreiteten. Der Großteil der Bauern musste sich weiterhin auf seine Zugtiere verlassen.

Diese Dampfpfluglokomotive der Magdeburger Firma A. Heucke aus dem Jahr 1911 leistete 250 PS. So ein Gerät konnten sich wirklich nur die größten Gutsbesitzer leisten.

DIE LANDWIRTSCHAFT VOR DEM TRAKTOR

Der Zylinder dieses Ungetüms befand sich oben. Das Gesamtgewicht der Maschine lag bei fast 20 Tonnen. Zum Vergleich: Der derzeit schwerste Fendt-Traktor wiegt gerade mal die Hälfte.

Eine deutsche Erfindung: Motorpflüge
Mit der Entwicklung des Verbrennungsmotors wurde ein völlig neuer Abschnitt in der Geschichte der Landtechnik geschrieben. Davon wird im nächsten Kapitel noch weiter zu sprechen sein. In Deutschland wurden die Motoren zu einer Entwicklung herangezogen, die auf den Dampfseilpflügen aufbaute. Robert Stock (1858-1912) hatte nicht nur eine Telefonfirma und eine Maschinenfabrik, sondern auch ein Rittergut. Er machte sich zusammen mit dem Ingenieur Karl Gleiche Gedanken, wie man die aufwendigen Dampfseilpflugsysteme ersetzen könnte. 1907 hatten sie den ersten Motortragpflug hergestellt. Auf einen Rahmen wurde vorn ein Benzinmotor mit acht PS gestellt. Später musste die Motorleistung allerdings stark erhöht werden auf 24 und noch später sogar auf 48 PS. An diesem Rahmen waren mehrere Pflugschare befestigt. Zwei etwa zwei Meter hohe Antriebsräder lagen direkt hinter dem Motorblock, ein kleines Lauf- und Stützrad folgte ganz hinten. Der Rahmen war etwa neun Meter lang, das ganze Gefährt wog um die vier Tonnen. Die ersten Ergebnisse stellten Stock halbwegs zufrieden. Ein Problem war zu Beginn die Zugkraft. Mit stärkeren Motoren wurde es weitgehend gelöst. 1910 konnte der erste Motortragpflug

verkauft werden. Das Interesse war riesengroß, denn der Verbrennungsmotor war natürlich entscheidend billiger in Anschaffung und Unterhalt als zwei schwere Lokomobilen.

Allerdings war es im täglichen Einsatz – sei es durch falsche Bedienung, ungeeignete Böden oder Materialfehler – immer wieder zu Zwischenfällen gekommen. Doch die positiven Stimmen überwogen. Der Stock Motorpflug heimste internationale Auszeichnungen ein. Das rief natürlich Nachahmer auf den Plan.

Einer der ersten war Ernst Wendeler, der zusammen mit Boguslav Dohrn einen Entwurf auf der Grundlage des Stock Motorpflugs vorlegte, bei dem allerdings eine entscheidende Verbesserung vorgenommen worden war. Bei Stock waren die Pflugelemente direkt am Rahmen des Fahrzeugs angebracht. Wendeler und Dohrn jedoch hatten einen eigenen Pflugrahmen vorgesehen, der über ein Handrad ausgehoben werden konnte. Dadurch war das Wenden sehr vereinfacht und außerdem konnte man Hindernissen besser ausweichen.

Da die beiden Entwickler nicht in der Lage waren, ihren Motorpflug selbst in Serie zu bauen, suchten sie einen geeigneten Partner. Sie fanden ihn in der Firma Hanomag, die den Bau der als WD-Großpflug bezeichneten Modelle übernahm. Der Vertrieb lief allerdings über die Deutsche Kraftpflug-Gesellschaft in Berlin, die Wendeler eigens zu diesem Zweck gründete. Diese Fabrikate hatten zunächst einen 50-PS-Benzinmotor der Firma Kämper. Später wurden 80 PS starke Hanomag-Motoren verwendet. Damit konnte auch die Anzahl der Pflugschare von fünf auf sechs erhöht werden. Der Pflugrahmen war abnehmbar, weshalb es möglich wurde, auch andere Bodenbearbeitungsgeräte zu montieren.

In Westpreußen, mitten unter den Großgrundbesitzern war die Automobilfabrik Komnick zuhause. Auch dort wurden Motorpflüge hergestellt, die einige Ähnlichkeit mit dem Hanomag-Modell aufwiesen.

Ein sehr wichtiger Hersteller war die sächsische Firma Pöhl aus Gößnitz, die ab 1911 Motortragpflüge herstellte. Diese Modelle – es gab ein kleineres mit 2,5 und ein größeres mit 3,5 Tonnen Gewicht – hatten einen Hinterradantrieb mit großen Antriebsrädern und ein vorn angebrachtes Rad. Der kleine hatte einen 25-PS-Motor, der große verfügte über 40 PS. Das Pfluggerät war aufgehängt, weshalb es möglich war, dieses auszuheben. Dies konnte sogar mit Hilfe des Motors und einer Seilwinde geschehen.

Motortragpflüge waren eine Technik, die auf ein Modell der Firma Stock zurückgingen. Einer der damals bekannten Anbieter war die Firma Komnick aus Westpreußen. Die Motortragpflüge wurden mit dem Hinterrad angelenkt. Der Motor befand sich ganz vorne. Der Fahrer saß über dem Pflugelement, weshalb er die Arbeit sehr gut verfolgen konnte.

Viele Firmen, von denen man es heute nicht mehr vermuten würde, befassten sich mit dem Bau von Motorpflügen. Dieses Exemplar wurde von Opel produziert.

DIE LANDWIRTSCHAFT VOR DEM TRAKTOR

Motorisierte Fahrgestelle:
Die ersten Traktoren

Vom Froelich-Traktor zum Waterloo Boy

John Froelich war der stolze Besitzer einer Lokomobile, mit der er den Farmern in Iowa bei der Erntearbeit half. Da ihm das Betreiben dieser Maschine zu aufwendig war, kam er auf eine Idee. Er baute auf einen Fahrzeugrahmen einen 20 PS starken Einzylinder-Motor der Firma Van Duzen. Mit diesem als „Traction Engine" bezeichneten Fahrzeug brachte er in der 1892er-Ernte eine Dreschmaschine der Firma Case zum Laufen. Einer der ersten einsatzfähigen Traktoren mit Verbrennungsmotor war entstanden. Leider kam es beim Dauereinsatz zu Problemen. Nur zwei Traktoren konnte er verkaufen. Er hatte für den Bau und Verkauf dieser Traktoren eine eigene Firma gegründet, die Waterloo Gasoline Traction Engine Company. Weil es mit den Traktoren nicht klappte, baute Froelich erst einmal Stationärmotoren für die Farmer. Erst 1911 erfolgte der Wiedereinstieg in die Traktorproduktion. Den Motor dafür nannte er Waterloo Boy. Doch sehr bald wur-

Einer der ersten funktionierenden Traktoren der Welt wurde 1892 von John Froelich aus den Vereinigten Staaten gebaut. Es dauerte aber noch einige Jahre bis er mit der Traktorfertigung Erfolg hatte.

de unter den Kunden das Modell selbst unter diesem Namen bekannt. Dieser Traktor hatte einen Vierzylinder-Benzinmotor mit etwa 25 PS. 1914 wurde ein Zweizylinder-Modell nachgeschoben, das es auch in einer Dreiradversion gab. 15 PS leistete dieses Modell L. Sogar eine Allradvariante namens C wurde hergestellt. Der Höhepunkt der Firma war aber der Waterloo Boy Typ R, von dem über 9.300 Stück abgesetzt werden konnten.

Die seit ihrer Gründung stark gewachsene Pflugfabrik von John Deere versuchte um 1917 ebenfalls den Einstieg in die Fertigung von Traktoren. Eigene Projekte waren zwar recht viel versprechend, doch 1918 kaufte Deere & Company für 2.350.000 Dollar die Waterloo Gasoline Tractor Company auf. Mit dem Waterloo Boy Modell N, das über 21.000 mal verkauft werden konnte, führte man einen Froelich-Entwurf als ersten John-Deere-Schlepper weiter.

Traktoren in den USA
Wie auch beim Motorflug ist die Geschichte um den ersten Traktor der Welt nicht einwandfrei geklärt. Fest steht nur, dass er in den Vereinigten Staaten gebaut wurde. John Carter aus Illinois soll bereits 1889 den ersten Traktor

Froelichs Waterloo Boy kam bei den Kunden gut an. John Deere übernahm das Werk später und stieg so in die Herstellung von Traktoren ein. Ein Waterloo Boy war somit der erste Schlepper des heutigen Weltmarktführers.

Auch der erste Traktor der Firma Case soll 1892 gebaut worden sein. Er erinnert sehr stark an eine Lokomobile. In der Tat war einfach ein Motor auf den Rahmen gesetzt worden.

DIE LANDWIRTSCHAFT VOR DEM TRAKTOR

Die kalifornische Firma Holt hatte um 1907 den Kettenschlepper erfunden. Dieses Prinzip hat sich sehr lange als Konkurrenz zum Radschlepper gehalten.

Um 1905 wurde dieser Traktorpflug in Großbritannien gebaut. Der Pflug musste noch geführt werden.

gebaut haben. Allerdings war das wohl ein folgenloser Versuch. Im gleichen Jahr, in dem Froelich sein Vehikel vorstellte, soll auch der Dampfmaschinen-Marktführer Case einen benzingetriebenen Traktor zusammengebaut haben. Es heißt aber häufig, dieser „Patterson-Traktor" sei erst 1894 entstanden. Doch auch dort klappte es nicht so recht. Erst 1913 stieg der Dampfmaschinengigant in die Serienfertigung von Traktoren mit Verbrennungsmotor ein. Viele andere Firmen aus den USA und Kanada stellten im ersten Jahrzehnt des 20. Jahrhunderts erstmals Benzin- oder Kerosintraktoren vor, darunter Advance-Rumely 1910 den Großtraktor Oil Pull, Minneapolis 1911, Allis-Chalmers im Jahr 1912, Hart-Parr startete bereits 1901. International Harvester, der andere Landmaschinen-Riese, baute seit etwa 1906 Traktoren, ab 1915 trat man mit den Modellen Titan und Mogul an.

Bereits 1896 hatte der kalifornische Hersteller von Lokomobilen und Mähdreschern Daniel Best einen Benzin-Traktor präsentiert, den er sehr gut verkaufte. Sein Konkurrent Holt stellte 1907 eine sensationelle Neuheit vor: einen Traktor mit Kettenlaufwerken, den Caterpillar, zu deutsch: „Raupe". Dieses Fahrzeug zeichnete sich durch eine hervorragende Geländegängigkeit aus und wurde zum Vorbild der ersten Tanks.

Daneben gab es noch eine beinahe unüberschaubare Reihe kleinerer Hersteller, die oftmals aufgekauft wurden, sich zusammenschlossen oder untergingen. Jedenfalls war Amerika das Land, das die Motorisierung der Landwirtschaft als erstes vorantrieb.

Europa zögert noch

Großbritannien war über lange Jahre der Vorreiter der Landtechnik gewesen, doch inzwischen gebührte dieser Titel längst den Vereinigten Staaten. Auf der Insel waren die bedeutenden Hersteller von Dampfzugmaschinen noch zu stark, um Traktoren mit Verbrennungsmotor aufkommen zu lassen. Allerdings gab es einige Versuche, zum Beispiel auch mit drei Rädern.

In Schweden baute die Firma Munktell 1913 den ersten Traktor des Landes. Das Unternehmen ging später im Volvo-Konzern auf. In Frankreich wurden kleine Motormäher gebaut, die ein Dreirad-Fahrgestell und einen kleinen Benzinmotor besaßen. Sie wa-

DEUTSCHE VERSUCHE VOR DEM ERSTEN WELTKRIEG

Um 1909 sah die Ernte auf einem großen Gut so aus. Lokomobilen übernahmen den Antrieb von Dreschmaschinen vor Ort, die Ernte wurde dann mit einem Gespannwagen abtransportiert. Der Bedarf an Personal war bedeutend.

ren mit einem Mähbalken ausgestattet. Auf diese Idee griffen später Firmen wie Kramer zurück.

Doch letztlich blieb es meist beim Einsatz von Lokomobilen auf größeren Gütern und bei den kleineren Bauern herrschte weiter die Arbeit mit Zugtieren vor.

Deutsche Versuche vor dem Ersten Weltkrieg

In Deutschland waren die Nachrichten aus der neuen Welt natürlich nicht unbekannt geblieben. 1896 hatte in Berlin Adolph Altmann (1850-1905) den ersten deutschen Traktor gebaut. Es handelte sich um ein Fahrgestell einer Lokomobile, auf das er einen verdampfungsgekühlten Einzylinder-Petroleum-Motor mit 18 PS setzte. Der Fahrer saß ganz vorn, kuppelte ein Antriebsrad für Kurvenfahrten aus und steuerte mit einem Handhebel. Er nannte sein Gefährt „Trakteur".

In Deutschland war die Entwicklung den bereits skizzierten „Sonderweg" mit den Motortragpflügen gegangen. 1907 wurden in der Kölner Firma Deutz Überlegungen zu einem Traktor angestellt. Bereits 1894 hatte

die amerikanische Tochterfirma „Otto Gas Engine Works AG" in Philadelphia mit dem Bau von Pflug-Lokomobilen begonnen, die mit einem Otto-Motor mit 15 PS ausgestattet waren. Jetzt versuchte man in Deutschland etwas Neues. Im selben Jahr wurden auf der DLG-Ausstellung zwei Prototypen vorgestellt: die Pfluglokomotive und der Automobilpflug. Nach den Patenten von Josef Brey und Theodor Heyer war die Pfluglokomotive entstanden, die der interessantere Entwurf war.

Die Zuglokomobile des Typs B von Lanz wurde zwischen 1907 und 1918 gebaut. Sie sollte Transportaufgaben in der Landwirtschaft übernehmen.

DIE LANDWIRTSCHAFT VOR DEM TRAKTOR

Der erste allradangetriebene Traktor war diese Pfluglokomotive der Firma Deutz aus dem Jahr 1907. Außerdem konnten alle vier Räder angelenkt werden.

Deutz verwendete dabei einen Vierzylindermotor, der 40 PS leistete. Die vier eisenbereiften Räder waren gleich groß und wurden alle angetrieben. Das war wichtig, weil die Pfluglokomotive als Zweirichtungsfahrzeug konzipiert war. Auf beiden Seiten nämlich war ein vierschariger Pflug montiert. Der Fahrer konnte am Ende des Feldes seine Sitzposition um 180 Grad drehen, den einen Pflug ausheben, das Fahrzeug neu positionieren und den anderen Pflug senken. Dann ging es auf die neue Fahrt. Eine Vierradlenkung sollte für zusätzliche Beweglichkeit sorgen. In die Serienfertigung ging Deutz allerdings weder mit der Pfluglokomotive noch mit dem Automobilpflug.

Ford revolutioniert die Landwirtschaft
Henry Ford (1863-1947) ist vor allem wegen seines Model T als Pionier des Automobilbaus bekannt. Er war auf dem Land aufgewachsen und wusste, wie schwer die Menschen dort zu arbeiten hatten. Bereits 1907 befasste er sich deshalb auch damit, einen zuverlässigen und günstigen Traktor herzustellen – ähnlich wie er mit dem Model T die Massen erreicht hatte. Er experimentierte mit gleich großen Rädern. Dabei hatte er aus dem Automobilbau viele Teile wiederverwenden können. Doch der Vorteil größerer Antriebsräder, wie ihn bereits die Lokomo-

Henry Ford war einer der wichtigsten Pioniere des Traktorbaus. Hier sieht man den Meister selbst auf dem Sitz eines seiner frühesten Prototypen. Die Räder waren noch gleich groß.

FORD REVOLUTIONIERT DIE LANDWIRTSCHAFT

bilen nutzten, war nicht wegzudiskutieren. Es musste also anderswo gespart werden. Zusammen mit seinem Sohn Edsel gründete er 1910 in Dearborn im Bundesstaat Michigan das Unternehmen Henry Ford & Son Co. Nach vielen Tests und verschiedenen Entwürfen war 1915 ein Prototyp fertig gestellt worden. Doch erst 1917 wurde die Serienproduktion aufgenommen.

Die geniale Idee bestand darin, nicht mehr einen schweren Rahmen das Gewicht des Traktors tragen zu lassen, sondern Motor, Getriebe und Hinterachsgehäuse als Einheit zu verbinden und diese als tragendes Element zu verwenden. Die Blockbauweise war entstanden und damit eine der wichtigsten Entwicklungen im Schlepperbau. Ford erreichte so eine massive Gewichtsersparnis. Außerdem konnten die Produktionsabläufe vereinfacht werden. Motorisiert war der Schlepper mit einem Vierzylinder-Vergasermotor, der mit Benzin und Petroleum fahren konnte und 22 PS leistete. Das verwendete Getriebe hatte drei Gänge, im höchsten waren bis zu elf km/h möglich. Die gesamte Schmierung des Motors geschah automatisch durch Tauchschmierung.

Der Fordson-Traktor war in den USA ein sensationeller Erfolg. Bei einem Preis von 750 Dollar war er weitaus billiger als alle anderen Modelle auf dem Markt. Innerhalb kurzer Zeit erzielte Fordson einen Marktanteil von unglaublichen 75 Prozent. Henry Ford produzierte seine Schlepper nach den modernen Fließbandmethoden seiner Autofabrik. In dreißig Stunden und vierzig Minuten waren die etwa 4.000 Einzelteile zu einem fertigen Exemplar montiert.

Allerdings war das Modell F nicht frei von Schwächen und Kinderkrankheiten. Probleme waren vor allem eine schlechte Wärmeverteilung im Motor. Der Achsantrieb geschah über eine Schneckenradübersetzung, die sehr stark verschliss. Wegen seines geringeren Gewichts kam es bei schweren Lasten zu Schlupf und bei der Arbeit mit schweren Pflügen konnte die Vorderachse abheben. Die Konkurrenz nutzte das aus. Einige beschwerten sich sogar über tödliche Unfälle, an denen der Fordson schuld sei. Doch Henry Ford ließ diese Fälle untersuchen und es stellte sich heraus, dass die Ahnungslosigkeit der Fahrer die Ursache war. Das konnte bei jeder Marke passieren.

Der Fordson-Traktor begründete in den Vereinigten Staaten viel früher als in anderen Ländern die Massenmotorisierung der Landwirtschaft. Seine Konstruktionsprinzipien waren wegweisend. Im Ersten Weltkrieg bestellte die britische Regierung 5.000 Stück. Ab 1919 wurde im irischen Cork ein Zweigwerk errichtet.

Henry Ford im Kreise seiner Mitarbeiter bei Testfahrten des ersten Fordson-Schleppers. Dieses Modell wurde zu Hunderttausenden gebaut.

Der Traktor wird serienreif:
Der Aufschwung der Schlepperproduktion

Fordson in Europa

Der Export nach Großbritannien war nicht das einzige große Auslandsgeschäft der Firma Ford & Son. 1919 wurde mit der jungen Sowjetunion die Lieferung von 25.000 Schleppern vereinbart. In den Putilov-Werken wurde der Typ F in Lizenz gebaut. Auch in Frankreich und Kanada wurden viele Exemplare verkauft. Ford baute bis 1928 insgesamt weit über 650.000 Exemplare. Das waren in Mitteleuropa unfassbare Zahlen.

Deutschland war nach dem verlorenen Krieg weiter auf eigenen Wegen, wie man später noch sehen wird. Der Import von ausländischen Traktoren war verboten, um die heimische Industrie zu stützen. Doch viele Bauern hatten von den Vorzügen des Fordson gehört und drängten darauf, dass dieses Verbot aufgehoben wurde. 1924 war es endlich soweit. Eine Tochter der Pöhl-Werke, einem der zu jener Zeit wichtigsten Landmaschinenproduzenten, übernahm den Vertrieb. Die bereits im Vorfeld geführten Debatten erhitzten sich jetzt nur noch mehr. Viele Stimmen erhoben sich vor allem gegen die Zulassung eines ausländischen Produkts. Die Hersteller betrieben vergleichende Werbung, in der ihr Produkt stets als Sieger hervor ging. Natürlich wurden wichtige Vorteile des Fordson unterschlagen, vor allem der niedrige Anschaffungspreis.

Dennoch: Der Import der amerikanischen Traktoren brachte einen unglaublichen Innovationsschub ins Land. Die großen Hersteller von Zugmaschinen und Motortragpflügen mussten auf die Herausforderung des Marktes reagieren und taten das auch. Doch davon später.

Ferguson, der Vater der grauen Fergie

Henry George Ferguson, meist Harry genannt, wurde 1884 als viertes von elf Kindern einer protestantischen Bauernfamilie in der nordirischen Grafschaft Down geboren. Das bäuerliche Arbeiten hatte ihm nie gelegen. Ihn

Der Typ F ist der meistverkaufte Traktor aller Zeiten. Ford brachte ihn 1917 auf den Markt und löste dort ein Erdbeben aus. Die Blockbauweise wurde richtungsweisend im Schlepperbau. Dank der Produktion in Großserie war er außerdem unschlagbar billig.

interessierten alle Arten von Technik. Automobile gehörten dazu. Er bestritt Auto- und Motorradrennen. 1909 führte er sogar den ersten Motorflug in Irland durch. Dann heiratete er und wurde bodenständig. Er vertrieb Autos und den Waterloo Boy aus Amerika, der in Großbritannien den Namen „Overtime" bekam.

Im Ersten Weltkrieg entwickelte er die Duplex-Aufhängung, bei der der Pflug mit dem Traktor fest verbunden war. Das hatte den Vorteil, dass der Schlepper vorne nicht mehr hoch stieg, falls der Pflug auf einen Widerstand traf. Hierbei hatte es schon dramatische Unfälle gegeben. Doch Ferguson arbeitete weiter an der Verbesserung seines Systems.

Den endgültigen Durchbruch schaffte er, als er die Aufhängung des Arbeitsgerätes an drei Stellen, nämlich an zwei beweglichen Unterarmen und einem Oberlenker, vornahm. Ferguson installierte ein hydraulisches System, mit dessen Hilfe das Anbaugerät gehoben und gesenkt werden konnte. So konnte auch die Arbeitstiefe des Gerätes geregelt werden. 1933 baute Ferguson einen eigenen Traktor, mit dem die hydraulisch gesteuerte Dreipunktaufhängung demonstriert werden sollte. Für eine eigene Produktion des Traktors besaß er allerdings nicht die nötigen Mittel. Deshalb gewann er die Firma David Brown. Gemeinsam bauten sie ab 1936 den Typ A. Doch bereits 1939 wurde die Zusammenarbeit beendet. Ferguson fand einen neuen Geschäftspartner: Henry Ford. 1946 entwarf er das Modell TE 20, den berühmten grauen Fergie.

Farmall und General Purpose

In den Vereinigten Staaten war der Fordson für die Kunden ein erfüllter Traum, den anderen Herstellern von Traktoren jedoch vor allem ein Dorn im Auge. Während die Fordsons sich quasi von selbst verkauften, sank die jährliche Produktion zum Beispiel bei John Deere auf 79 Stück! Mit der International Harvester Company (IHC), die 1902 durch den Zusammenschluss von McCormick, Deering und drei weiteren, in Europa weniger bekannten Unternehmen entstanden war, hatte sich ein neuer Marktführer in der amerikanischen Agrartechnik etabliert. Von dort kam eine gefährliche Konkurrenz zum Fordson.

Die Verantwortlichen bei IHC waren sich im Klaren, dass nur Verbesserungen in der Leistungsfähigkeit den billigen Ford-Schlepper ausbremsen konnten. Die Entwicklung

Harry Ferguson (rechts) neben seinen Mitarbeitern John Chambers, Archie Greer und William Sands. Im Vordergrund steht ein Ferguson-Brown Typ A.

Mit dem „schwarzen Traktor" demonstrierte Ferguson seine Dreipunktaufhängung. Er war das Vorbild für den „Typ A".

DIE LANDWIRTSCHAFT VOR DEM TRAKTOR

Case entwickelte Traktoren verschiedenster Bauart. Dieser mit einem Verbrennungsmotor ausgestattete Schlepper verfügte bereits über ein Fahrerhaus.

International Harvester brachte 1932 mit dem Farmall F-12 eine neue Bauart des Traktors heraus, die besonders in Amerika äußerst beliebt wurde: den Dreiradschlepper. Mit über 100.000 gebauten Exemplaren gelangte das Unternehmen an die Marktspitze.

des als Farmall bezeichneten Modells ging bis 1920 zurück. Auf die Konstruktion wurde größte Sorgfalt verwendet. Dabei wurde darauf geachtet, dass der Traktor Arbeiten leisten konnte, bei denen der Fordson zu passen hatte. Ein wichtiges Kriterium war die Einführung der Zapfwelle, die International Harvester seit 1922 besaß. Da das Unternehmen eine Vielzahl an Landmaschinen produzierte, konnten auch gleich die geeigneten Geräte bereitgestellt werden. Die augenfälligste Besonderheit des Modells war, dass es vorn keine echte Achse hatte, sondern lediglich ein Räderpaar, das zentral am Schlepper befestigt war. Dadurch konnte die Lenkung vereinfacht werden, man sparte sich Kosten. Die Lenkstange verlief über der Motorhaube gerade nach vorne. Für die Arbeit auf dem Feld bedeutete diese Anordnung mehr Bodenfreiheit und eine bessere Sicht, da die Achse wegfiel. Der Schlepper konnte hervorragend auch für höher wachsende Reihenfrüchte wie Baumwolle oder Mais eingesetzt werden. Auch Kartoffel- und Rübenfarmer profitierten vom Leistungsspektrum des Farmall. Außerdem waren andere Arbeiten wie Pflügen, Mähen oder Transportieren mit dem Farmall ebenso zu erledigen. Dadurch durfte er sich zu Recht „General-Purpose"-Traktor nennen, einen Traktor für vielseitige Aufgaben.

Weil man wegen der Dreiradarchitektur zunächst nicht ganz sicher war, wurde der Bundesstaat Texas 1924 zum Versuchsfeld ausgelobt. Als die Kunden dort sehr zufrieden reagierten, weitete International Harvester 1926 in einem eigens errichteten neuen Farmall-Werk die Produktion stark aus und verkaufte landesweit das später als

"Regular" bezeichnete Modell. In den 30er-Jahren kamen andere Farmalls ins Programm, die mit verschiedener Motorleistung ausgestattet waren. Bis 1936 waren die Farmall-Modelle graublau lackiert, dann erhielten sie das auch hierzulande bekannte leuchtende Farmall-Rot.

Mit dem Dreiradschlepper löste das Unternehmen den Nachahmungstrieb der anderen Hersteller aus. John Deere, dessen Traktorindustrie damals mehr oder weniger am Boden lag, stellte 1928 den Typ GP vor, der noch ein zusätzliches technisches Feature aufwies: einen neuartigen mechanischen Kraftheber. Mit einem Pedaldruck konnte man die Motorkraft auf den Kraftheber übertragen und die Anbaugeräte heben oder senken. Sehr bald ahmten andere Hersteller diese Technik nach. GP sollte die Abkürzung für General Purpose sein. Vier Jahre später präsentierte Deere & Company mit den beiden Modellen A und B zwei Nachfolger, deren Verkaufszahlen so eindrucksvoll waren, dass sich das Unternehmen direkt hinter International Harvester als zweitgrößter Schlepperbauer in Amerika etablierte.

Frankreich baut Traktoren

Auch in Frankreich hatte man im Ersten Weltkrieg die Arbeit mit amerikanischen Traktoren schätzen gelernt. Als patriotische Nation wollte man eine eigene Schlepperindustrie aufbauen und bot den Bauern zinslose Kredite zum Kauf von Traktoren an. Das rief vor allem Louis Renault auf den Plan. Aus einem Raupenfahrwerk, das in seiner Firma während des Krieges für Panzer entwickelt worden war, hatte er für seine Güter den Typ GP entwickelt. Dieser 40-PS-Schlepper wurde nun in Serie produziert. Gelenkt wurden diese Raupen mit Steuerhebeln. Weitere Typen wurden gebaut, darunter 1921 mit dem Typ HO der erste Radschlepper. Renault entwickelte sich zum größten Traktorproduzenten Frankreichs.

Mit dem Farmall-Schlepper konnten bereits mehrere Aufgaben gleichzeitig ausgeführt werden. Hier wird das Erntegut gleichzeitig aufgenommen und in einen mitfahrenden Wagen abgefüllt.

DIE LANDWIRTSCHAFT VOR DEM TRAKTOR

John Deere setzte in den 30er-Jahren ebenfalls auf die Technik des Dreiradschleppers. Modelle wie dieser GP wurden lange Jahre gern gekauft.

1927 bauten die Cassani-Brüder diesen 40-PS-Schlepper und gewannen den Wettbewerb des besten italienischen Traktors.

Der Konkurrent auf dem Automobilsektor Citroën baute ebenfalls einige Traktoren. Besonders interessant ist ein Entwurf, der aufgrund eines Fahrzeugs für Wüstenfahrten entstanden war. Es handelte sich um ein Halbkettenfahrzeug, das hinten einen Raupenantrieb hatte und vorne eine Radachse, die angelenkt wurde.

Ein anderer Hersteller war die Firma Vierzon, die ab 1934 Traktoren baute, zunächst waren das Glühkopfschlepper, nach dem Krieg bis 1960 auch Dieseltraktoren.

Frankreich schaffte es – abgesehen von Renault – nicht, eine echte Schlepperindustrie aufzuziehen und war meist auf den Import angewiesen. Interessanterweise stellen aber wichtige Hersteller, so Massey Ferguson und Claas, das 2003 Renault Agriculture übernommen hat, in Frankreich ihre Schlepper her.

Italien und Österreich

In Italien begann die Traktorfertigung 1919 bei der Firma Fiat, die bereits auf dem Automobilsektor eine feste Größe war. Das Modell 702 hatte einen 30 PS starken Motor unter der Haube. Zehn Jahre später fertigte die Firma aus Turin jährlich etwa 1.000 Traktoren. Andere Firmen aus der Branche wurden aufgekauft und dieser Geschäftszweig wuchs weiter an. 1932 zog die Schlepperfertigung nach Modena um. Fiat hat es geschafft, heute der Besitzer eines der größten Traktorproduzenten der Welt zu sein: Case New Holland.

1927 gewannen die Brüder Cassani mit dem Prototyp eines Schleppers einen Staatspreis. Das Modell wurde in Lizenz von einem anderen Unternehmen gebaut. Erst viel später gründeten sie ihre eigene Fertigungsfirma Same. Eine serienmäßige Traktorenproduktion konnte erst nach dem Zweiten Weltkrieg aufgezogen werden. Die Firma ist heute bekannt als Besitzer so gro-

ENTWICKLUNG IN DEUTSCHLAND

ßer Marken wie Deutz-Fahr, Hürlimann und Lamborghini.

Ein anderer wichtiger Hersteller war Landini, von dem etwas später noch die Rede sein wird.

Auch in Österreich gab es Landwirtschaft. Doch die verwendeten Maschinen stammten aus dem Ausland. Eine Firma, die auch in Österreich produzierte, war die britische Clayton & Shuttleworth, die seit 1857 in Wien ansässig war. Sie stellte Lokomobilen, Dreschmaschinen und später Motoren her. 1911 fusionierte sie mit der Wiener Landmaschinenfirma Hofherr-Schrantz zu HSCS. Zum Bau eigener Traktoren kam es noch nicht.

Während des Ersten Weltkriegs war Ferdinand Porsche in führender Position bei Austro-Daimler tätig. Unter seiner Leitung war 1915 ein erstes landwirtschaftliches Fahrzeug entstanden. Aus seinen Erfahrungen bei der Konstruktion von Zugmaschinen heraus entwickelte er zusammen mit seinem Ingenieur Karl Rabe einen Pflugtraktor, auch „Daimler-Pferd" genannt, eine Art Einachser mit einer zusätzlichen Laufachse, der drei Karrenpflüge gleichzeitig ziehen konnte. Doch wurde die Konstruktion nur als militärische Zugmaschine fortgeführt.

Die Firma Steyr brachte es um 1928 lediglich zu einzelnen Exemplaren eines Radschleppers mit Benzinmotor.

Entwicklung in Deutschland

In Deutschland verlief die Entwicklung zunächst in zwei Richtungen. Die eine wurde über den Umweg Ungarn hereingebracht. Der Schweinfurter Andreas Mechwart war

Um seine eigenen Landgüter zu bewirtschaften, hat der Automobilbauer Louis Renault 1918 den ersten Traktor Frankreichs gebaut, den GP mit 40 PS. 425 Exemplare wurden hergestellt.

Der Typ PE aus dem Jahr 1926 wurde in mehreren Versionen bis 1937 gebaut. Von ihm wurden immerhin 1.840 Stück verkauft.

Ferdinand Porsche war während des Ersten Weltkriegs bei Austro-Daimler. Dort entwickelte er diesen Motorpflug, der allerdings dann zur Artilleriezugmaschine umgebaut werden musste.

DIE LANDWIRTSCHAFT VOR DEM TRAKTOR

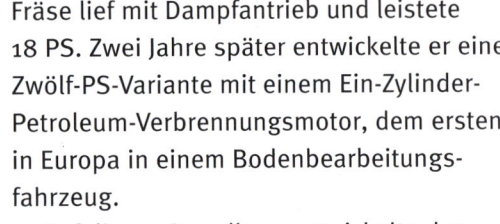

Lanz produzierte ab 1912 solche schweren Bodenfräsen, die den Namen Landbau-Motor bekamen. Dieses Bild zeigt den Typ 1912.

Diese Lokomobile des Typs EM war ein Lizenzbau der Firma Kemna in Breslau durch MAN. Es handelte sich dabei um die Einheitsmaschine aus der Kriegswirtschaft. Das Gefährt entstand im Jahr 1918. Seine Leistung betrug 40 PS.

als Maschinenfabrikdirektor in Budapest tätig. 1894 konstruierte er eine Maschine, die Pflügen und Eggen in einem Arbeitsschritt zusammen erledigte. Die nach ihm benannte Fräse lief mit Dampfantrieb und leistete 18 PS. Zwei Jahre später entwickelte er eine Zwölf-PS-Variante mit einem Ein-Zylinder-Petroleum-Verbrennungsmotor, dem ersten in Europa in einem Bodenbearbeitungsfahrzeug.

Auf dieser Grundlage entwickelte der Ungar Karl Köszegi 1905 eine Motorfräse, die er als Landbau-Motor bezeichnete. Die Bodenfräse wurde ebenfalls über den Motor angetrieben. Sie besaß pflugartige Werkzeuge, die zum Rotieren gebracht wurden und so den Boden für die Aussaat vorbereiteten. Die Fräse konnte auch ausgehoben werden. Mehrmals verbesserte Köszegi seinen Entwurf und stellte ihn auch in Deutschland vor. Karl Lanz, der Sohn des Firmengründers und damalige Leiter des Mannheimer Landmaschinenunternehmens, war begeistert und erwarb 1911 die Patente. Die Lanz-Techniker nahmen einige entscheidende Verbesserungen vor und entwickelten das als Landbau-Motor bezeichnete Fahrzeug weiter. Bis 1926 wurden verschiedene Versionen produziert. Im Vergleich zu den aufkommenden Traktoren war der Landbau-Motor allerdings zu teuer, unflexibel und schwer.

Andere Hersteller von Bodenfräsen waren zum Beispiel Siemens-Schuckert und Güldner. Später wurden von verschiedenen Herstellern wieder Bodenfräsen gefertigt, die nun allerdings an den Traktor angebaut werden konnten.

Die andere Richtung waren die Dampfmaschinen, die sich weiterhin in Produktion befanden. Im Ersten Weltkrieg fand eine Vereinheitlichung der Typen statt. Nach Plänen der Firma Kemna entstand die Einheits-Maschine EM, die auch bei anderen deutschen Herstellern hergestellt wurde. Nach dem Krieg wurden auch schwere Fahrzeuge mit Verbrennungsmotoren, die ursprünglich als Artilleriezugmaschinen konstruiert wor-

ENTWICKLUNG IN DEUTSCHLAND

Die Firma MAN stellte Anfang der 20er-Jahre einen Motorpflug vor, der einen technisch ausgereiften Stand hatte. Doch im gleichen Jahr war auch der erste Lanz Bulldog gebaut worden.

den waren, für die Landwirtschaft umgebaut. Bis weit in die 1920er-Jahre hinein wurden noch Motortragpflüge gefertigt. Einer der fortschrittlichsten war der MAN-Tragpflug, der auf Anregung des Hallenser Professors Bernstein aus dem Jahr 1916 entstanden war. Dieser Motorpflug erhielt den Otto-Motor des 2,5-Tonner-LKW von MAN mit 20 PS, der allerdings auf 700 U/min. gedrosselt worden war. Diese Leistung wurde in der Folgezeit auf 30 PS erhöht. Der niedrige Kraftstoffverbrauch und das patentierte unsymmetrische Differentialgetriebe waren bemerkenswerte Eigenschaften dieses Fahrzeuges. Auch andere Anbieter, wie die Marktführer Stock und Hanomag, sowie Komnick und viele kleinere, beharrten auf diesem Konzept, dem sie weiter voll vertrauten.

Robert Stock und Karl Gleiche hatten 1907 den ersten Motortragpflug gebaut. Noch fast zwanzig Jahre später fertigte die Firma den Stoklei, einen dreischarigen Motorpflug.

Mit dem Bauernschlepper der Nachkriegszeit setzte die massenhafte Motorisierung der Landwirtschaft ein. Sehr bald waren Traktoren nicht nur bei Acker- und Grünlandbauern, sondern auch in Obst- oder Weinbaubetrieben unverzichtbar.

Vom Glühkopf zum Schlepperboom

VOM GLÜHKOPF ZUM SCHLEPPERBOOM

Schlepper mit Glühkopf:
Lanz setzt neue Maßstäbe

Der Bulldog setzt sich durch

Der Lanz-Ingenieur Huber hielt nichts von Benzinmotoren in der Landwirtschaft. Er wollte eine einfache und robuste Antriebsart entwickeln, deren Gewicht möglichst niedrig und deren Betrieb auch für technische Laien problemlos zu bewerkstelligen war. Auf seiner Suche nach geeigneten Alternativen stieß er sehr schnell auf Herbert Akroyd Stuarts Glühkopfmotor aus dem Jahr 1891, der allerdings nur als Stationärmotor arbeiten konnte.

Huber verbesserte diese Konstruktion maßgeblich. Er erreichte durch einen veränderten Einspritzzeitraum, dass ein Betrieb auch im Leerlauf möglich wurde. Das ist eine unabdingbare Voraussetzung für ein Fahrzeug. Er führte eine spezielle Einspritzdüse für alle Leistungsbereiche ein und konstruierte eine Ausbuchtung des eigentlichen Glühkopfs unterhalb des gekühlten Zylinderkopfs, die er Zündsack nannte. Den Einspritzkegel der Kraftstoff-Einspritzdüse konnte der Fahrer während seines Einsatzes über ein Handrad nach Bedarf verändern.

Der Landbau-Motor wurde 1905 von dem Ungarn Karl Köszegi entwickelt. Diese Maschine wollte den Pflug ersetzen und fräste stattdessen den Boden auf. 1911 erwarb Lanz die Patente und führte das Konzept weiter.

Der Glühkopfmotor ist eine eigenständige Antriebsart, die zu den konkurrierenden Systemen Dieselmotor und Ottomotor eine Zwischenstellung einnimmt. Die Bildung des Kraftstoff-Luft-Gemischs findet beim Glühkopf wie beim Diesel im Motor statt. Auch die Entzündung des Gemischs durch Kompression ist gleich. Allerdings erfordert der Dieselmotor eine sehr viel höhere Kompression. Hier erinnert der Glühkopfmotor mit seiner niedrigen Verdichtung eher an den Ottomotor. Da die Verbrennung des Kraftstoffs durch den Glühkopf eingeleitet wird, ist dieses Verfahren eigentlich eine Fremdzündung, also ähnlich dem Ottomotor.

Der Vorgang des Anlassens war ziemlich zeitaufwendig. Der Glühkopf wurde mit einer Lötlampe erhitzt. Es dauerte einige Minuten, bis dieser so heiß geworden war, dass er bläulich glühte. An der Einspritzdüse konnte der Einspritzwinkel je nach Betriebssituation justiert werden: Beim Anlassen ganz nach unten, unter Volllast stellte man die Schrauben zwei Umdrehungen hoch, im Leerlaufbetrieb empfahlen sich vier Umdrehungen.

Die Arbeit des Glühkopfmotors erfolgt in zwei Takten. Ohne hohen Druck oder Zerstäubung – also anders als bei Diesel- und Ottomotoren – wird der Kraftstoff in den Zündsack des Glühkopfs eingespritzt. Auf dem heißen Glühkopf verdampft er und mischt sich mit der durch den Überströmkanal eingeblasenen Luft. Kurz vor dem oberen Totpunkt des Kolbens entflammt dieses Kraftstoff-Luft-Gemisch, die Verbrennungsgase breiten sich aus und treiben den Kolben zurück. Dadurch werden die Auslassschlitze frei und die Verbrennungsgase können entweichen. Jetzt beginnt der Vorgang erneut. Der Glühkopfmotor lief mit 540 bis 850 Umdrehungen sehr langsam.

Bei Lanz wurde ein liegender Einzylindermotor verwendet, dessen Hubraum zwischen 2,8 und 10,3 Litern lag. Die ersten HL-Bulldogs hatten einen 6,2-Liter-Motor. Als Kraftstoff eignete sich eine Vielzahl von Produkten, zum Beispiel Braunkohlenteeröl, Rohöl, Gasöl, Paraffinöl, Petroleum, Spiritus, Benzol, altes Schmieröl, Benzin und Diesel. Mit einer zusätzlichen Teeröl-Ausrüstung konnten weitere Brennstoffe wie Heizöl und Steinkohlenteeröl verwendet werden.

Diese Motoren waren in der Pionierzeit der Motorisierung ideal, da sie von den meist technisch völlig unerfahrenen Landwirten nicht viel abverlangten. Sie waren robust, vertrugen alle möglichen Treibstoffarten und hatten kaum Wartungsteile. Allerdings war das Fahren an einem langen Arbeitstag ziemlich aufreibend. Noch dazu musste der Traktor bei Pausen oder Wartephasen im Leerlauf weiterarbeiten, damit die umständliche Anwurfprozedur erspart blieb. Später konnte man mit elektrischer Zündung und Benzin anfahren. Wenn der Glühkopf erhitzt war, erfolgte die Umstellung auf Normalbetrieb.

1921 wurde der erste Bulldog vorgestellt. Die frühen Modelle waren zur Feldarbeit nicht gut geeignet, arbeiteten eher als mobiler Antrieb oder als Zugmaschine. Das änderte sich 1926 mit der Einführung des HR-Bulldogs, der ein vollwertiger Schlepper war, eine Dauerleistung von 22 PS brachte und vier Gänge (je vorwärts und rückwärts) besaß. Der Hubraum des einzylindrigen Glühkopfmotors betrug über zehn Liter. Die Konstruktion dieses Modells griff auf Merkmale des Fordson zurück, zum Beispiel die rahmenlose Blockbauweise.

Ende der 20er- und in den 30er-Jahren war Lanz mit seiner breiten Palette verschieden großer Glühkopfschlepper, die je nach Ausstattungsvariante zum Ackereinsatz, aber auch für den Straßenverkehr nutzbar waren, zum Marktführer aufgestiegen. Ein Höhepunkt war der Bauern-Bulldog D 3500. Sehr attraktiv für Speditionen oder Zirkusse war der Eil-Bulldog. Lanz behielt stets das Prinzip bei, einen Einzylindermotor zu verwenden. Auch nach dem Krieg wurden wieder Motoren mit Glühkopf gebaut.

Es gab in Deutschland noch andere Firmen, die Glühkopfschlepper herstellten, wobei viele den Lanz-Modellen verdächtig ähnlich sahen. Dazu gehörte etwa die Firma Wolf in Magdeburg oder der Baumi der Mindener Firma Michelsohn.

Glühkopf in Italien

Giovanni Landini baute 1910 seinen ersten Glühkopfmotor, der für die Verwendung in

Der Feldmotor (FMD) von Lanz aus dem Jahr 1921 war ein vielseitiger Traktor, der allerdings wegen seines hohen Preises nur selten verkauft wurde.

Der Glühkopfmotor war die Entwicklung, die Lanz eine goldene Zeit in der deutschen Landtechnik bescherte. Die Kraftstoffkosten eines Glühkopf-Bulldogs lagen sehr deutlich unter denen eines Benzinschleppers.

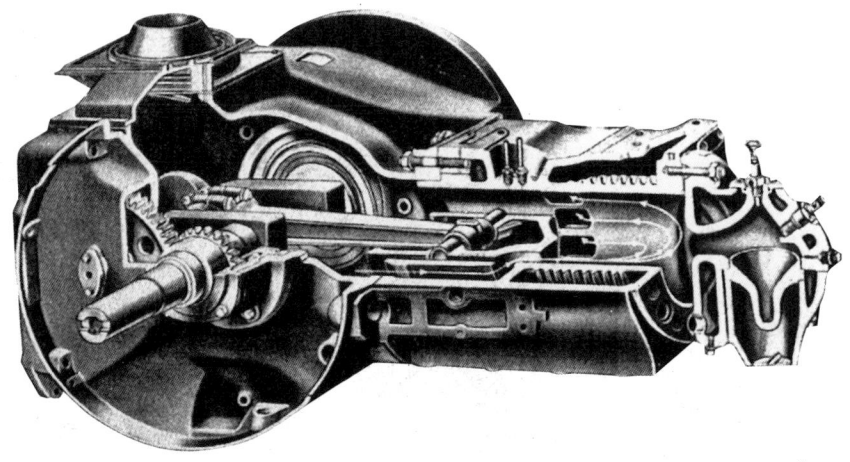

VOM GLÜHKOPF ZUM SCHLEPPERBOOM

Beim Felddank hatte Lanz dem FMD einen Glühkopfmotor verpasst.

Der Groß- oder HR-Bulldog wurde ab 1926 gebaut.

der Landwirtschaft vorgesehen war. Er setzte ihn auf ein Fahrgestell, um ihn an den gewünschten Einsatzort ziehen zu können. Seine Söhne stellten 1924 den ersten Traktor mit Glühkopfmotor her. Das Konstruktionsprinzip war dem von Lanz sehr ähnlich.

Der erste Landini-Traktor leistete 25 PS an der Riemenscheibe. Anfang der dreißiger Jahre folgte eine verbesserte Version mit 40 PS, und der Super Landini, der 1934 auf den Markt kam, konnte schon 48 PS an der Riemenscheibe und 40 PS an der Zugstange vorweisen.

Dann fasste die Firma auch die kleineren Landwirtschaftsbetriebe ins Auge und produzierte ab 1935 ein kleineres Modell namens Vélite, das nur 2.300 Kilogramm wog und 30 PS an der Riemenscheibe leistete. Dank diesem Modell löste Landini einige Zeit sogar Fiat als größten Traktorenproduzenten Italiens ab. Wie auch Lanz in Deutschland setzte Landini nach dem Zweiten Weltkrieg die Produktion von Glühkopftraktoren fort.

Doch die Kunden wollten mehr Komfort und ließen – wie auch in Deutschland – die Glühkopfmodelle links liegen. 1956 wurden endlich Dieselmotoren von Perkins verwendet, doch da war es schon zu spät. Lediglich

HSCS, URSUS UND ANDERE

Der Lanz Bulldog wurde in Deutschland zum Inbegriff des Traktors. Lange war die Mannheimer Firma Marktführer. Alle Bulldogs, gleich ob acht oder 55 PS hatten eines gemeinsam: einen Einzylinder-Glühkopf-Motor.

die Übernahme durch Massey-Ferguson konnte Landini vor dem Aus bewahren.

Es gab in Italien noch weitere Hersteller von Glühkopftraktoren, so die Firma Orsi oder Bubba mit einer Art Raubkopie des ersten Lanz Bulldogs.

HSCS, Ursus und andere
Auch in anderen Ländern wurden Traktoren mit Glühkopfmotor gebaut. In Schweden produzierte die Firma Munktell Traktoren mit solchen Motoren.

In Österreich befasste sich HSCS (Hofherr-Schrantz-Clayton-Shuttleworth) mit dem Bau von Glühkopfschleppern. 1938 übernahm Lanz das Werk und produzierte auch dort und im weiteren Standort Budapest eigene Modelle. Nach dem Zweiten

In Italien baute Landini viele Jahre lang Glühkopf-Schlepper. Erst einige Zeit nach dem Zweiten Weltkrieg wurden die neuen Modelle mit Perkins-Motoren ausgestattet.

Dieses Modell mit Glühkopfmotor stammt aus den ehemaligen HSCS-Werken in Budapest. Der 35-PS-Schlepper wurde 1952 gefertigt.

Die polnische Firma Ursus baute lange den Lanz Bulldog D 9506 nach. Heute wird er unvorsichtigen Traktorinteressierten gerne als Lanz-Fälschung angedreht.

Weltkrieg setzten die Ungarn den Bau von Glühkopfschleppern fort. Das Werk wurde nach der Verstaatlichung in „Roter Stern" umbenannt.

Nach Kriegsende wurden auch die Überreste der einstigen ostdeutschen Lanz-Filialen im nunmehr polnisch besetzten Gebiet weiter genutzt. 1947 begann die Produktion des Ursus C-45, der, von einigen Teilen abgesehen, auf dem Acker-Luft-Bulldog D 9506 basierte. Dieser 45-PS-Schlepper wurde bis 1955 in etwa 60.000 Exemplaren hergestellt.

Auch in Argentinien kam es zu einem Lanz-Nachbau. Das Staatsunternehmen I.A.M.E. (Industrias Aeronáuticas y Mecánicas del Estado) begann 1952 damit, den D 1506 zu kopieren. Orangefarbene Modelle mit dem Namen „Pampa" wurden bis 1962 produziert.

Ebenfalls ein Lizenznachbau, nämlich des D 7506, waren die in Frankreich kurz vor und nach dem Zweiten Weltkrieg hergestellten Schlepper mit der Bezeichnung „Le Percheron". Diese Bulldogs trugen sogar den Schriftzug „Système Lanz" auf dem Steigrohr. Die Traktoren mit Glühkopfmotor leisteten in den ersten Jahren der Motorisierung der Landwirtschaft einen wichtigen Beitrag. Besonders von Vorteil war die Robustheit der Triebwerke, denn viele Bauern schonten ihre Traktoren nicht. Auch die Möglichkeit, billigste Kraftstoffe zu verbrennen, half in Mangelzeiten sparen. Mit der Zeit wurde jedoch auch der Komfort immer wichtiger.

Die Stunde des Diesel:
Der Dieselmotor gewinnt das Rennen

Einführung des Dieselmotors

Dem Erfinder des Autos, Karl Friedrich Benz, gebührt die Ehre, zum Bau des ersten Traktors mit Dieselmotor beigetragen zu haben – und zwar über zwei Firmen. Die eine war aus einer Kooperation von Benz mit der Motorenfabrik München-Sendling entstanden, die schon 1909 in mehreren Exemplaren den ersten deutschen Traktor hergestellt hatte. Benz-Sendling hieß die neue Firma, ihr Modell war ein Eintriebrad-Motorpflug „Typ 6" aus dem Jahr 1922. Das andere Modell war 1923 das „Motorpferd" der Motorenwerke Mannheim, die kurz vorher noch für den Bau von Stationärmotoren bei Benz & Cie. zuständig waren. Der „Colo-Dieselmotor", wobei „Colo" für kompressorlos stand, war von Joseph Vollmer und Prosper L'Orange, zwei Koryphäen im Motorbau, entworfen worden. Den Kompressor ersetzte eine regelbare stufenlose Einspritzpumpe von L'Orange. Beide Modelle verkauften sich nur in wenigen Exemplaren. Der Dieselmotor blieb erst einmal beargwöhnt.

Ein weiteres wichtiges Freignis war die Erfindung der Hochdruck-Einspritzpumpe (1927) durch Robert Bosch. Mit ihr wurde der Kraftstoff in den Verbrennungsraum einge-

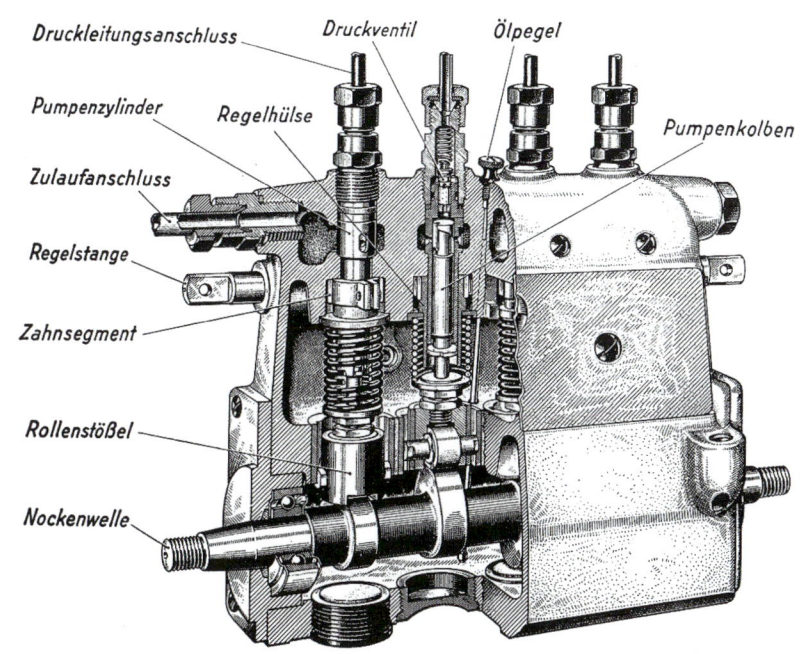

Als Robert Bosch 1927 die Hochdruck-Einspritzpumpe für Dieselmotoren erfand, war der Weg frei für den effektiven Einsatz des Dieselmotors im Fahrzeugbereich.

Der erste Dieselschlepper der Welt stammte aus Deutschland. Es war ein Dreiradschleper der Firma Benz-Sendling aus dem Jahr 1922, wobei das angetriebene Hinterrad einzeln war.

VOM GLÜHKOPF ZUM SCHLEPPERBOOM

Echte universal einsetzbare Traktoren waren die Modelle der MTZ-Reihe von Deutz. Sie konnten neben Transportaufgaben auch bei der Feldarbeit eingesetzt werden.

spritzt. Damit war eine Hürde genommen, die den Dieselmotor auf den Weg zu einer Antriebsart brachte, die im Nutzfahrzeugbereich praktisch konkurrenzlos wurde.

Einer der ersten, die auf den Dieselmotor setzten, war die Firma Deutz. Bereits um 1907 hatte man mit einem benzingetriebenen Ackerfahrzeug experimentiert. Beinahe 20 Jahre später, nämlich 1926, wurde mit dem MTH 222 der erste in Serie gebaute Dieselschlepper der Firma vorgestellt. Dieses Modell war im Vergleich zu anderen Produkten auf dem Markt nicht gerade modern: Rahmenkonstruktion, Kettenantrieb, Vollscheibenräder. Motorisiert wurde das Modell mit dem Deutz Stationärmotor MAH, einem kompressorlosen Einzylindermotor mit Verdampfungskühlung. Ähnlich wie der erste Bulldog war der MTH 222 weniger für die Feldarbeit, sondern als mobile Kraftquelle oder als Zugmaschine auf der Straße geeignet.

Der Aufstieg von Deutz als Traktorbauer
1929 stellte Deutz den MTZ 120 vor, der auch als vollwertiger Ackerschlepper verwendet werden konnte. Deutz verwendete nun einen langsam laufenden Zweizylinder-Motor mit 5,7 Litern Hubraum und einer Umlaufwasserkühlung. Die Zylinderbüchsen und verschlissenen Zylinderrohre konnten ausgetauscht werden. Der Motor war gut zu erreichen, wartungsarm und robust. 1932 wurde die Drehzahl erhöht und der so entstandene Nachfolger trug die Bezeichnung MTZ 220. Ab diesem Modell waren bei Deutz auch

Der „Stahlschlepper" von Deutz war das erste Modell mit dem berühmten FM-Motor. Er löste 1933 die MTZ-Schlepper ab und wurde auch noch in der Nachkriegszeit gebaut.

Luftreifen erhältlich, die – anders als die Elastikbereifung der Straßenschlepper – auch auf dem Acker eingesetzt werden konnten. In Amerika hatte es Luftreifen schon länger gegeben. In Deutschland waren Continental und die in der Nachbarschaft angesiedelte Hanomag Vorreiter. Ab 1931 stellte Continental Ackerluftreifen serienmäßig her.

1933 brachte Deutz dann einen Meilenstein der deutschen Traktortechnik der Vorkriegszeit heraus: den F2M 315 beziehungsweise mit überarbeitetem Motor ein Jahr später den F2M 317. Dieser als „Stahlschlepper" berühmt gewordene Typ war nicht mehr in Rahmen-, sondern in Blockbauweise gefertigt. Seinen Beinamen hatte er von der Gussölwanne aus Stahl, die das Getriebe umgab. Der Zweizylinder-Motor war kompakter als der des MTZ, lief schneller, konnte aber auch alle möglichen Treibstoffe vom billigsten Rohöl bis zu tropischen Pflanzenölen verarbeiten. Eine Riemenscheibe war serienmäßig, auf Wunsch war eine Zapfwelle erhältlich. Die eisenbereifte Ackerausführung war mit einem Dreigang-Getriebe ausgestattet, während die Universal- und die Straßenversionen eines mit fünf Gängen bekommen hatten. Für anspruchsvollere Arbeiten wurde auch ein Dreizylindermodell gebaut. Dieser 50-PS-Schlepper trat in Konkurrenz zu den schweren Modellen von Lanz und der Hanomag.

In diesen Jahren profitierten die Schlepper von einigen Neuerungen, die hauptsächlich der Firma Bosch zu verdanken sind. Die Hersteller boten gegen Aufpreis elektrische Scheibenwischer und eine elektrische Anlage bestehend aus Anlasser, Lichtmaschine und Scheinwerfern an. Auch ein Bosch-Horn, eine elektrische Hupe, konnte man zukaufen. Die Elektrik trug maßgeblich dazu bei, Sicherheit und Komfort des Traktorfahrens zu erhöhen.

Eine wahre Marktlücke bediente Deutz mit einer Einzylinder-Variante des Stahlschleppers. Bislang war die Zunft der Traktorbauer immer auf die ganz großen Gutsbetriebe oder auf Transportfirmen ausgerichtet gewesen. An die kleineren und mittleren Höfe hatte man nicht gedacht oder sich von dort

Der legendäre Bauern-Deutz oder Elfer; 1936 stellte Deutz diesen leichten Traktor mit elf PS vor.

Hanomag stellte 1924 seinen ersten Radschlepper vor.

VOM GLÜHKOPF ZUM SCHLEPPERBOOM

Sehr bald stieg auch Hanomag auf Dieselmotoren um. Dies ist der AR 38, ein Ackerschlepper mit 38 PS.

Mercedes-Benz verkaufte ab 1928 den Typ OE mit zunächst 24, später 26 PS. Diese Traktoren entstanden im Mannheimer Benz-Werk.

keine Profite erwartet. Der F1M 414 leistete elf PS und war serienmäßig mit einer Riemenscheibe ausgestattet, eine Zapfwelle konnte man aber ebenso dazukaufen wie einen Mähbalken. Der schon bald als Bauern-Deutz oder Elfer bekannte Schlepper kostete bei seinem Markteintritt weniger als 3.000 Reichsmark. Damit war er billiger als die Konkurrenz und der Absatz lief prächtig.

Hanomag zieht nach

Die Hanomag hatte mit ihren WD-Schleppern schon sehr gute Verkaufserfolge erzielt. Doch das Vorbild von Deutz machte deutlich, dass der Dieselmotor die Zukunft im Traktorbau sein würde. Deshalb wurde ein Vierzylinder-Dieselmotor konstruiert, der 1931 im ersten Dieselschlepper mit Hanomag-Logo verbaut wurde. Dieses Aggregat wurde noch bis in die 1960er-Jahre hinein verwendet. Das erste Modell war der RD 36, der technisch auf den WD-Modellen aufbaute. Auch die Raupenschlepper der Firma wurden nun mit Dieselmotoren versehen.

In verschiedenen Ausführungen wurde etwas später ein 50-PS-Schlepper angeboten, der nicht nur auf dem Feld, sondern auch auf der Straße häufig zu sehen war. Von den Straßenmodellen, wo natürlich ein Schutz gegen Wind und Wetter noch wichtiger war als in der Landwirtschaft, kam die Möglichkeit eines Allwetterverdecks oder sogar eines festen Fahrerhauses. Im Agrareinsatz setzte sich dieser Luxus allerdings erst einige Zeit nach dem Zweiten Weltkrieg durch.

Auch bei der Hanomag hatte man sich Gedanken über einen Schlepper gemacht, der für die kleineren Bauern finanzierbar war. Das Ergebnis präsentierte sich recht ungewöhnlich. Man verwendete viele Bauteile aus dem PKW-Bau und von den Schnelltransportern und baute einen Schlepper mit vier gleich großen Rädern und PKW-Motorhaube. Der Motor stammte aus dem Dieselpersonenwagen der Hanomag, war aber natürlich anders eingestellt. Die niedrigeren Herstellungskosten senkten den Preis.

Die Vorkriegstraktoren der Hannoveraner zeigten dank dem hervorragenden Vierzylindermotor eine hohe Laufruhe und viel Kraft. Die Pumpenumlaufkühlung hatten damals die wenigsten Hersteller zu bieten. Viele setzten auf Verdampfungskühlung oder aber auf die Thermosyphonkühlung, die zwar

WEITERE FIRMEN WECHSELN ZUM DIESELANTRIEB

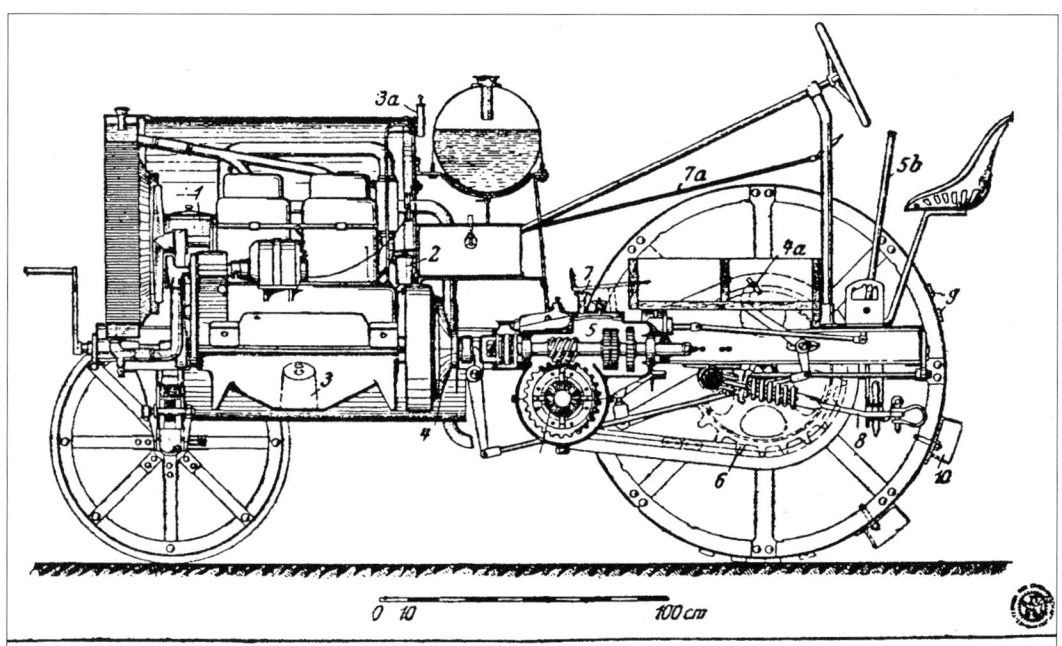

Einer der Pioniere des Traktorenbaus in Deutschland war die sächsische Firma Pöhl. Um 1930 wurde die Ackerzugmaschine angeboten, die einige Ähnlichkeit mit dem Hanomag-Schlepper hatte.

1. Luftwaschapparat
2. Brennstoffilter
3. Oleinfüllstutzen
3a. Ölkontrollapparat
4. Motorkupplung
4a. Kupplungspedal
5. Wechselgetriebe
5a. Ausgleichgetriebe
5b. Getriebeschalthebel
6. Rollenkettentrieb
7. Hinterachsverstellung
7a. Gasreguliergestänge
8. Zugvorrichtung
9. Schrägleisten
10. Aufstecgreifer

weniger effektiv war aber dafür eine geringere Anfälligkeit zeigte als das Pumpenumlaufsystem.

Weitere Firmen wechseln zum Dieselantrieb
Benz hatte die ersten Dieselschlepper verkauft. Auch nach dem Zusammenschluss mit Daimler 1926 wurden weiter Traktoren gebaut, jetzt allerdings unter der Marke Mercedes-Benz. Die Firma Pöhl bot ab 1929 ihre als Universal-Ackerbaumaschinen bezeichneten Traktoren wahlweise mit Vergaser- oder Dieselmotor an. Leider rettete dies das traditionsreiche Unternehmen nicht vor dem Konkurs in der Weltwirtschaftskrise. Lanz hingegen blieb bei seinem Glühkopfmotor.

1928 ging ein neuer Hersteller an den Start, von dem noch die Rede sein wird: Fendt verwendete ab 1930 für seine als Dieselross bezeichneten Modelle den Dieselmotor. Auch Kramer und der Altmeister Stock stiegen auf diese Antriebsform um.

Einer der profiliertesten Hersteller vor 1945 war die 1932 in Berlin gegründete Primus Traktorengesellschaft, die ein paar technisch herausragende Modelle entwickelt hatte. Ihre Straßenschlepper prägten das Stadtbild. Eine interessante Idee war der „Packesel" P 18, mit dem man bei der Feldarbeit rückwärts fahren konnte, um einen besseren Blick auf das Arbeitsfeld zu haben. Außerdem experimentierte Primus mit einem Elektroantrieb.

Sehr kreativ war auch Karl Ritscher aus der Nähe von Hamburg. Er hatte zum Beispiel Ansteckraupen für die Hinterachsen von Radschleppern produziert. Ab 1934 baute er selbst Diesel-Radschlepper. 1936 versuchte er vergeblich, den in den USA weit verbreiteten Dreiradschlepper in Deutschland heimisch zu machen.

1938 stieg auch der große Hersteller von Landmaschinen Fahr in den Schlepperbau ein. Der Vorteil seiner Modelle war, dass sie

VOM GLÜHKOPF ZUM SCHLEPPERBOOM

Die Firma MIAG aus Braunschweig stieg 1936 mit dem 20-PS-Modell LD 20 in den Schlepperbau ein. Der wassergekühlte Motor stammte von MWM.

auf das Geräteprogramm von Fahr bestens abgestimmt waren. Damals steckte die Normierung noch in den Kinderschuhen und oft musste der Schmied dafür sorgen, dass alles zusammenpasste.

Mit der Förderung der Traktoren, die ab 1936 von staatlicher Seite betrieben wurde, wandten sich immer mehr neue Hersteller dieser lukrativ werdenden Sparte zu. Darunter gehören heute noch bekannte Namen wie Eicher, Normag, Güldner, Schlüter oder Lanz Aulendorf, aber auch Firmen wie Martin, Wagner, Miag und andere, die heute vergessen sind. Die Motoren dieser Hersteller stammten meist von Deutz, MWM oder waren wie in den Fällen Güldner und Schlüter Eigenproduktionen.

In der Regel handelte es sich um in Blockbauweise hergestellte Schlepper mit 22-PS-Motoren. Einige hatten Vorderachsblattfedern, zum Teil doppelt, andere begnügten sich mit einer ungefederten Starrachse. Mähantrieb und Riemenscheibe, optional auch eine Zapfwelle, gehörten zur Ausstattung.

Ritscher hatte immer wieder Neuheiten aus den USA nach Europa gebracht. Sein Versuch, den Dreiradschlepper in Deutschland heimisch zu machen, schlug allerdings fehl. Hier das Modell N 20 aus dem Jahr 1939.

GRASMÄHER UND BAUERNSCHLEPPER

Die süddeutsche Firma Kramer wurde mit ihren Grasmähern und den „Allesschaffern" bekannt. Diese Fahrzeuge waren vor allem für Grünlandbetriebe bestimmt, deren wichtigste Aufgaben das Grasmähen und der Transport des Ernteguts auf die Höfe waren.

Im Mai 1939 wurde eine Verordnung in Kraft gesetzt, die eine weitgehende Vereinheitlichung der Schleppertypen durchsetzte. Die Folge waren Kooperationen regional benachbarter Firmen. Auch ein Einheitsmotor mit zwei Zylindern und 22 PS Leistung entstand. Profiteure dieser Regelung waren die Platzhirsche Lanz, Deutz und Hanomag. Die anderen Hersteller mussten sich mit dem Bau von 22-PS-Modellen begnügen. Doch schon kurze Zeit später brach der Krieg aus, was für den Schlepperbau eine massive Beeinträchtigung bedeutete.

Grasmäher und Bauernschlepper

In Frankreich hatte es schon vor dem Ersten Weltkrieg eine selbstfahrende Mähmaschine gegeben. Dieses Konzept, allerdings mit vier statt drei Rädern, wurde 1925 von der süddeutschen Firma Kramer aufgenommen. Deren erster Motormäher hatte einen Vier-PS-Benzinmotor. In Süddeutschland und den Alpenländern herrschte Viehwirtschaft vor. Dort war es wichtig, einen leichten Schlepper zu haben, der die Mäharbeit erledigen und die Ernte einbringen konnte. Deshalb fanden sich andere Hersteller in jener Region, um diesen Typus zu bauen. Dazu gehörte zunächst Fendt, aber zum Beispiel auch Hürlimann in der Schweiz, der ein Jahr nach Fendt an den Start ging. Kennzeichnend waren die Rahmenbauweise und vier relativ kleine luftbereifte Räder. Meist fehlte auch noch eine Motorhaube.

Der Elfer von Deutz hatte eine Welle von Bauernschleppern losgetreten, die sich meist an seinem Vorbild orientierten. Diese Traktoren sollten als Allzweckschlepper alle anstehenden Aufgaben erfüllen können, wenn auch nicht in der Güte wie die großen Traktoren. Die meisten Hersteller blieben allerdings bei dem Zweizylindermodell stehen. Die große Zeit der Bauernschlepper sollte erst nach Kriegsende beginnen.

VOM GLÜHKOPF ZUM SCHLEPPERBOOM

Bei Lanz baute man mehrere Traktormodelle mit Holzgasbetrieb. Der D 7006 konnte immerhin über 1.400-mal verkauft werden.

Mit Fichten durch den Krieg:
Die Holzgasschlepper

Imbert und das Problem der Rohstoffe

Um allen verfügbaren Treibstoff der Front zukommen zu lassen, wurde in Deutschland ab 1942 bis auf wenige Ausnahmen die Feldarbeit mit Flüssigkraftstoffen völlig verboten. Stattdessen sollte die Umstellung auf den Betrieb mit Feststoffen erfolgen. Dabei setzte man auf eine Entwicklung des Lothringers Georges Imbert aus dem Jahre 1921, einem Holzgasgenerator, der es ermöglichte, aus Holzkohle, später auch mit klein geschnittenem Holz, Motoren zu betreiben. Jede Sorte der heimischen Wälder konnte verwendet werden, meist war es Fichtenholz.

Für eine Umrüstung der Traktoren war mit Preisen zwischen 1.200 bis 2.500 Reichsmark zu rechnen. Das war sehr teuer, dennoch wurden einige Tausend Traktoren aller Marken umgerüstet. Neue Modelle sollte es nur noch mit Holzgasgenerator geben.

Der Motor braucht ein Gas-Luft-Gemisch, um arbeiten zu können. Um dieses Gas herzustellen, wurde in einem Gaserzeugerkessel Holz verbrannt. Über Düsen erfolgte die nötige Sauerstoffzufuhr. Das entstehende Gas wurde im Absitzbehälter gesammelt, die zurückbleibende Schlacke musste nach

Die Firma Hanomag verlegte den Gaserzeugerkessel in den linken Zwischenachsbereich. Dadurch musste die Konstruktion des Traktors nicht verändert werden.

dem Einsatz mühsam aus dem Behälter entfernt werden. Das Gas wurde gereinigt und gekühlt. Die Abkühlung war nötig, um größere Mengen in den Verbrennungsraum des Motors zu bringen. Zuletzt erfolgte eine Mischung mit Luft. Der Einheitsgenerator EG 60 verbrauchte 230 Liter Holz in zwei bis drei Stunden. Die ganze Prozedur war sehr langwierig und mit unangenehmen Reinigungsaufgaben verbunden.

Zuerst arbeiteten die Anlagen nach dem Zweistoff-Verfahren. Der Motor wurde mit Flüssigkraftstoff gestartet, nach einiger Zeit stellte der Fahrer dann die Maschine auf den Holzgasbetrieb um. Das Reingasverfahren war eine Weiterentwicklung, die bei Lanz ab 1943 eingesetzt wurde. Bei diesem Verfahren konnte auf die zusätzliche Einspritzung des Flüssigkraftstoffs verzichtet werden. Allerdings konnte bei Startproblemen kurzzeitig Benzin eingespritzt werden.

Holzgas-Modelle

Holzgasschlepper waren keine ausschließlich deutsche Angelegenheit. Sie wurden auch in Schweden und der Sowjetunion gebaut. In Deutschland wurde mit verschiedenen Bauarten experimentiert. Die meisten Hersteller hatten ihre Gaserzeugerkessel vor die Schlepperfront montiert. Andere wie Hanomag und Famo setzten ihn links zwischen die Achsen. Bei Neumodellen verschwand die Anlage unter einer dementsprechend voluminösen Motorhaube. Die meisten Holzgas-Schlepper baute Lanz, doch auch von Hanomag, Fendt, Fahr, Normag, Lanz Aulendorf und anderen wurden aufbauend auf den erlaubten Modellen von 1939 neue Typen präsentiert. Für die meisten hieß das: Schlepper um die 22 PS.

Allerdings blieb dieses aufwendige Arbeitswerkzeug ein wenn auch schmutziger Luxus. Die meisten Bauern, sofern sie überhaupt einen Schlepper besessen hatten, stellten das Gefährt in den Stall und arbeiteten wieder mit Zugtieren. Auch die Lokomobilen, die ja mit festen Brennstoffen arbeiteten, wurden wieder herausgezogen.

Weil sich auch nach dem Ende des Krieges die Versorgungslage natürlich nicht schlagartig verbesserte, wurden noch einige Zeit nach 1945 Holzgasschlepper gebaut.

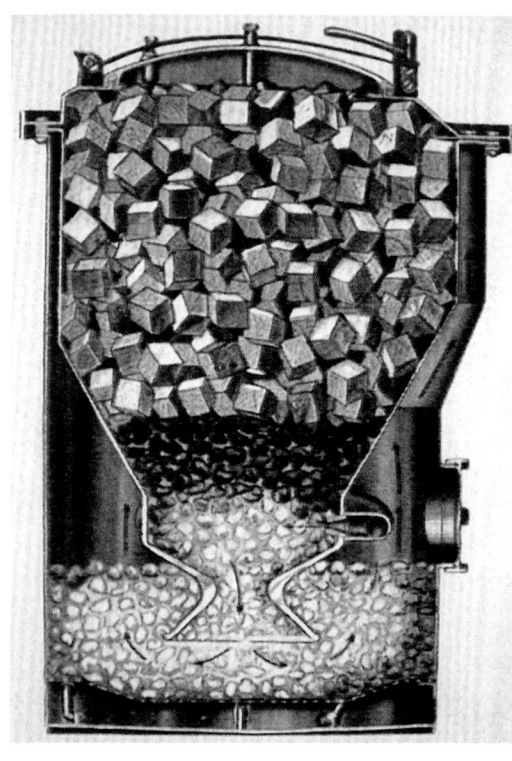

Diese Abbildung zeigt einen Schnitt durch den Gaserzeugerkessel. Die Holzscheite wurden unten verbrannt.

Dieses Bild zeigt den Holzgasschlepper G 25 der Firma Fendt. Der Gasgenerator wurde hier schön in die Motorverkleidung integriert.

Die Zeit der Bauernschlepper:
Aufbruch nach dem Zweiten Weltkrieg

Aus der Not geboren: erste Schlepper

Im Mai 1945 waren die meisten Produktionsstätten deutscher Schlepperfirmen weitgehend zerstört. Die Unternehmen, die unter die Herrschaft der Sowjets geraten waren, verloren ihre Existenz. Die Anlagen wurden abgebaut und nach Russland geschafft. Einige wurden auf dem Gebiet der späteren DDR für einen sozialistischen Traktorbau belassen. Die ersten dort gefertigten Modelle entsprachen deshalb weitgehend denen der ehemaligen Hersteller. Einige Unternehmen, wie Normag, flohen in den Westen.

In den ersten Wochen und Monaten nach der Stunde Null wurde erst einmal aufgeräumt und was irgendwie ging wieder instand gesetzt. Aus Ersatzteilen konnten einige Vorkriegsschlepper zusammengebaut werden, doch es fehlte an vielem. So fiel der Getriebelieferant Prometheus aus, Gummi und andere Werkstoffe blieben Mangelware, auch der Kraftstoff wurde streng rationiert. Viele Firmen erhielten aufgrund ihrer Beteiligung in der Rüstungsindustrie von den Siegermächten zunächst keine Lizenz.

In diesen Jahren zeigte sich, dass Not erfinderisch macht. Viele lokale Hersteller bauten Autos für den Ackereinsatz um. Einige fertigten aus ausgedienten amerikanischen Jeeps Traktoren. Der Vorteil dieser Fahrzeuge war eine gute Geländegängigkeit dank des Allradantriebs.

Langsam normalisierte sich die Lage wieder. Vor allem nach der Währungsreform und der Einführung der Deutschen Mark konnte man wieder die nötigen Materialien für den Schlepperbau bekommen, und für den Verkauf stand wieder ein verlässliches Zahlungsmittel zur Verfügung.

Die etablierten Firmen

Die im Westen ansässigen Unternehmen begannen nach den ersten Aufräumarbeiten wieder mit dem Bau von Traktoren. Zunächst wurden erneut die Vorkriegsmodelle gefertigt. Allerdings wurde bei den großen Her-

Lanz führte nach dem Krieg seine Kühler-Bulldogs fort. Zunächst wurden Modelle wie dieser D 7506 einfach nach dem Vorkriegsmuster weitergebaut.

DIE ETABLIERTEN FIRMEN

Hanomag hatte das Glück, einen in den Kriegsjahren neu entwickelten Traktor fortführen zu können. Der R 40 gehörte zu den modernsten und besten Schleppern seiner Zeit.

stellern das Programm ziemlich ausgedünnt. Anders war eine Produktion unter den herrschenden Verhältnissen nicht möglich. Der Bedarf an Traktoren war – auch angesichts der hohen Kriegsverluste unter der Landbevölkerung – dringend nötig. Der Bedarf an Traktoren – so wurde 1947 ausgerechnet, lag bei über 310.000 Schleppern. Vorhanden – und zum Teil betagt oder verschlissen – waren lediglich 67.000.

Einen gewissen Wettbewerbsvorteil hatte die Firma Hanomag. Aufgrund der Verordnung betreffend die Verringerung der Typenzahl war den Hannoveranern die Produktion eines 40-PS-Schleppers zugeteilt worden. Einen solchen hatte es im Programm noch nicht gegeben. Mitten im Krieg war deshalb ein völlig neues Modell entwickelt worden, das jetzt wieder gebaut werden konnte. Der als R 40 bezeichnete Traktor wurde zu einer der großen Legenden der Nachkriegszeit. Als Motor diente weiter der zuverlässige D 52 der Vorkriegsmodelle. Ansonsten war beim in Blockweise gebauten R 40 vieles neu: das Fünfgang-Getriebe, die komfortablere Rosslenkung und ein automatischer Drehmomentregler.

Einige Modelle hatten statt eines elektrischen Starters eine Benzinanlassvorrich-

Deutz gehörte nach dem Krieg zu den Pionieren der luftgekühlten Motoren im Schlepperbau. Legendär ist noch heute der Nachfolger des Elfers, der F1L514, der ab 1950 gebaut wurde.

VOM GLÜHKOPF ZUM SCHLEPPERBOOM

tung. Dabei wurde mit Benzin gestartet und wenn der Motor warm genug war, wurde auf Dieselbetrieb umgestellt. Diese Technik war auch bei anderen Herstellern zu finden, zum Beispiel bei der deutschen International Harvester. Hanomag baute den R 40 in mehreren Überarbeitungen und mit unterschiedlichen Namen bis Mitte der 1960er-Jahre.

1949 präsentierte die Hanomag mit dem R 25 in der neuartigen Halbrahmenbauweise die erste Nachkriegskonstruktion der Firma. Auf ihm baute eine neue Schleppergeneration auf. Der Halbrahmen war mit dem Getriebe verbunden, der Motor war lediglich aufgesetzt. Das machte einen Motorwechsel sehr viel einfacher, denn nun musste man den Traktor nicht komplett auseinandernehmen. Außerdem konnte der Motor kompakter gebaut werden und somit Gewicht sparen helfen. Besonders vorteilhaft war der stabile Halbrahmen auch für das Anbringen von Arbeitsgeräten, allem voran einem Frontlader. Dieser wurde immer wichtiger, denn man konnte mit ihm schwere Aufladearbeiten und andere Tätigkeiten relativ bequem verrichten. Besonders mit der Einführung der Hydraulik in den Schlepperbau gewann der Frontlader natürlich weiter an Attraktivität. Auch ein Kraftheber am Schlepperheck wurde hydraulisch betätigt. Dank dieser Technik konnten schwere Arbeitsgeräte nun einfacher angehoben werden. Hanomag gehörte auf dem Gebiet der Hydraulik zu den Vorreitern.

Eine Besonderheit konnte Hanomag 1952 auf Basis des R 40 präsentieren. Der leistungsgesteigerte Nachfolger R 55 wurde in einem Sondermodell ATK mit einer Strömungskupplung ausgestattet. Bei der auch als ölhydraulische Kupplung bezeichneten Strömungskupplung sind Motor und Getriebe nicht direkt miteinander verbunden. In einem mit Öl gefüllten Gehäuse liegen ein Pumpenrad als Endstück des Motors und ein Turbinenrad, das mit dem Getriebe gekoppelt ist. Wenn der Motor läuft, wird das Pumpenrad angetrieben. Dadurch kommt das Öl in Bewegung. Die Fliehkräfte drücken es gegen die Schaufeln des Turbinenrads und setzen dieses in Bewegung. Der R 55 ATK konnte mit dieser Kupplung auch im höchsten Gang ohne Ruckeln anfahren.

Beinahe gleichzeitig arbeiteten die Firmen Deutz und Eicher daran, einen luftgekühlten Schleppermotor zu entwickeln. Solche Motoren versprachen mehrere Vorteile. Die Komponenten der Wasserkühlung, eine Pumpe oder ein Wasserbehälter und so weiter konnten entfallen. Dadurch konnte man Kosten und Gewicht, aber auch reparaturanfällige Bauteile sparen. Auch Frost, ein großes Problem vieler wassergekühlter Fahrzeuge, stellte keine Bedrohung mehr dar. Der größte Nachteil, dass solche Motoren deutlich lauter waren, störte auf dem Acker niemanden.

Normag gehörte zu den wichtigen Firmen der Zeit des Schlepperbooms, die schon vor dem Krieg Erfahrungen mit der Produktion von Traktoren hatten.

Das Rennen machte Eicher. Die Bayern stellten 1948 mit ihrem ED 16 mit luftgekühltem Einzylindermotor den ersten Traktor der Welt mit luftgekühltem Dieselmotor vor. Der ED 16 war eine weitere Legende des nun beginnenden Schlepperbooms. Eicher blieb der Luftkühlung mit Axialgebläse treu. Die vor dem Krieg nur mit wenigen Traktormodellen hervorgetretenen Brüder Eicher wurden mit ihren zuverlässigen, kräftigen Schleppern zu einem der Aufsteiger der Nachkriegszeit im Schleppergeschäft.

Bei Deutz wurden ab 1950 Modelle mit luftgekühlten Motoren ausgestattet. In der Folge wandten sich die meisten Hersteller in Deutschland – zumindest für einige Jahre – der Luftkühlung zu. Deutz hatte zuerst den berühmten Elfer umgestellt. Dieses Modell und seine Nachfolger hatten Motoren bekommen, die nach dem Baukastenprinzip aufgebaut waren. Dank dieser Konstruktion konnte man Herstellungskosten, aber auch Lagerkosten sparen. Viele Bauteile der Motoren waren identisch und austauschbar. Wie in einem Spielzeugbaukasten wurden die Motoren ein-, zwei-, drei- oder vierzylindrig aufgebaut.

Nach diesem Prinzip arbeiteten auch andere Hersteller, zum Beispiel Allgaier/Porsche oder Hanomag. Bei Lanz war das nicht möglich, aber auch nicht nötig. Die Mannheimer Firma blieb dem Einzylinder-Glühkopfschlepper mit Thermosyphonkühlung treu. Zunächst wurden einige Vorkriegsmodelle wieder gebaut. 1950 wurden Allzweck-Bulldogs vorgestellt, die mit hohen, aber schmäleren Speichenrädern ausgestattet waren. Diese Bauform war besonders beim Hackfruchtanbau vorteilhaft. Lange Jahre wurden sie von den verschiedenen Firmen parallel zum Standardschlepper angeboten.

Ein Jahr später präsentierte Lanz mit seinem Alldog den ersten Geräteträger. Dieser Entwurf war allerdings mit Tücken behaftet.

Besonders wichtig war es, für die Traktoren die passenden Geräte zu bekommen. Erst langsam setzte hier die Überlegung ein, für eine Normierung zu sorgen. Besonders mit dem Aufkommen der Dreipunktaufhängung von Ferguson kam man hier langsam voran. Anfang der fünfziger Jahre wurde die Antischlupf-Technik der englischen Traktorfirma David Brown eingeführt. Ein Teil des Gewichts des angebauten Geräts wurde auf die Hinterachse übertragen. Dadurch wurde ein

Fahr war vor allem ein sehr wichtiger Hersteller von Landmaschinen. Dieser D 17 aus dem Jahr 1951 war einer der erfolgreichsten Typen der Firma.

Zu den wichtigen Herstellern gehörte die Firma Primus aus Miesbach. Das Modell 20-24 PS war eines der Beliebtesten.

Die bayerische Firma Eicher hatte den ersten luftgekühlten Motor im Schlepperbau verkauft. Dieses Modell ist ein Nachfolger, der ED 16/II, der ab 1953 gebaut wurde.

Aus dem Jahr 1952 stammt dieser DS 25 B von Schlüter aus Freising. Diese Firma wandte sich nach dem Schlepperboom dem Sektor der Großschlepper zu.

Durchdrehen der Hinterräder verhindert, die Zugleistung wurde gesteigert. Die Hersteller sorgten aber auch für neue Arbeitsgeräte, die den Traktor noch wertvoller machten, allen voran die aufkommenden Anbaumähdrescher.

Im Blick auf die Gegenwart wurde die Einführung des Allradantriebs im Schlepperbau besonders wichtig. Pioniere waren in Italien Same sowie in Deutschland MAN und der Unimog. Eine andere Neuheit waren die Anfang der Fünfziger aufkommenden Tragschlepper, die als Konkurrenz zu den Geräteträgern gedacht waren. Sie konnten in dem Bereich zwischen den Achsen Arbeitsgeräte einsetzen. Wichtige Hersteller waren Allgaier, später Porsche-Diesel, Hanomag, Bautz, Güldner und andere.

Daneben waren viele Hersteller aus der Vorkriegszeit erfolgreich, so Fendt, International Harvester aus Neuss, Normag, Fahr, Hermann Lanz Aulendorf, Kramer, Ritscher, Primus oder Schlüter.

Neue Anbieter drängen auf den Markt

Was sich in den späten vierziger Jahren andeutete und in den Fünfzigern den Markt explosionsartig wachsen ließ, ist in der Technikgeschichte heute als „Schlepperboom" bekannt. Die Landwirtschaft hatte einen riesigen Nachholbedarf in Sachen Motorisie-

NEUE ANBIETER DRÄNGEN AUF DEN MARKT

rung. Beinahe jeder Hof brauchte einen Schlepper. Viele Firmen sahen hier ihre Möglichkeit, ein neues Geschäftsfeld zu eröffnen. Beispielhaft für diese Entwicklung war die Firma Allgaier.

Gleich nach dem Krieg suchte die im Werkzeugbau und in der Metallverarbeitung tätige Firma nach neuen Möglichkeiten, Produkte herzustellen, die von den Siegermächten erlaubt waren. Erwin Allgaier kam auf den Gedanken, einen Traktor zu bauen. Das erste Modell war ein Einzylinder-Schlepper mit Verdampfungskühlung in Rahmenbauweise. Obwohl Neuling, erreichte Allgaier 1949 bereits den vierten Platz in der Zulassungsstatistik.

Doch Allgaier dachte weiter. Mit dem berühmten Konstrukteur Porsche wurde ein Lizenzvertrag zum Bau des als „Volksschlepper" bekannten Entwurfs geschlossen. Porsche hatte in den dreißiger Jahren einige Typen entwickelt, die die Nazis in Großserie bauen wollten. Daraus ist jedoch nie etwas geworden. 1950 wurde der AP 17 (AP = Allgaier System Porsche) eingeführt, ein vielseitiger Tragschlepper, der dank einer geglückten Konstruktion auch zu einem sensationell niedrigen Preis angeboten werden konnte. Wichtigste Merkmale waren der luftgekühlte Zweizylindermotor, viele leichte, aus Silumin gegossene Bauteile, Anbaumöglichkeiten im Zwischenachsbereich, sensationellerweise eine ölhydraulische Kupplung, Riemenscheibe und Zapfwelle. 1952 wurde die Baukastenserie A 111 bis A 144 angeboten. 1955 stieg Allgaier aber aus und verkaufte die Schlepper-Fabrik in Friedrichshafen, wo die Porsche-Modelle gefertigt wurden, an Mannesmann.

Die schwäbische Firma Bautz war ein bedeutender Hersteller von Landmaschinen. Da lag es in der Zeit der großen Nachfrage

Bautz, eine Landmaschinenfirma mit großer Tradition, baute bis Anfang der 60er-Jahre kleinere Traktoren zwischen 11 und 20 PS. Dieser AS 122 kam 1952 auf den Markt.

Völlig andere Wege ging der Unimog, der mit Allradantrieb ausgestattet war und sowohl als Zugmaschine, als Service- und Einsatzfahrzeug als auch in der Landwirtschaft eingesetzt werden konnte.

nach Traktoren nahe, selbst einen ins Angebot aufzunehmen. Man griff zu, als die Firma Zanker ihre gerade erst angelaufene Schlepperproduktion aufgab und kaufte die Rechte an dem Entwurf. Bautz stellte viele kleine Bauernschlepper her, brachte es aber nie zu einem stärkeren Modell. Das führte letztlich zur Aufgabe der Traktorenfertigung.

Viele der neuen Hersteller hatten bislang aber noch nichts mit der Landtechnik zu tun gehabt. Dazu gehörte etwa die Waffenschmiede Steyr in Österreich. Dort wurde 1947 der Steyr 180 vorgestellt, der eine jahrelange Dominanz des Unternehmens auf dem österreichischen Schleppermarkt begründete. Er verfügte bereits über eine Differenzialsperre und eine Lenkbremse.

Auch die Firma Gutbrod aus der Nähe von Saarbrücken begann nach dem Krieg mit dem Schlepperbau. Ein Höhepunkt war der Farmax von 1949, ein Geräteträger mit zehn PS. Außerdem wurden bis 1952 mehrere Schleppertypen gebaut. 1960 stieg das Unternehmen mit Kompaktschleppern wieder in den Traktorbau ein.

Eine andere Historie hatten Firmen wie Stihl, Holder oder Späteinsteiger Hatz, die sich besonders durch die Produktion von Kleinschleppern auszeichneten.

Innovativ aber leider nicht lange auf dem Markt war die Firma Alpenland in Wolfratshausen. Begonnen wurde wie bei einigen anderen Einsteigern mit der Umrüstung von Jeeps auf die Anforderungen der Landwirtschaft. Doch 1950 stellte die bayerische Firma den GS 15 Alpenland vor, an den ein Triebachsanhänger angebaut werden konnte. Damit waren zwei Achsen angetrieben, was einem Allrad-Effekt entsprach. Das war besonders in gebirgigem Gelände ein unschätzbarer Vorteil. Spektakulär war allerdings die Vierradlenkung, die das Modell ungeheuer beweglich machte. Sie war so konstruiert, dass der Lenkeinschlag der Vorderräder immer zu einem Drittel von den Hinterrädern nachvollzogen wurde.

Eine in diesen Jahren häufig anzutreffende Form war der Konfektionsschlepper. Darunter versteht man Traktormodelle, bei denen die herstellenden Unternehmen auf

Bauteile anderer Firmen zurückgriffen und nur die wenigsten selbst produzierten. So stammten bei vielen Firmen die Motoren von MWM, Deutz oder Güldner. Das Getriebe wurde meist von der Zahnradfabrik Friedrichshafen oder der Zahnradfabrik Passau bezogen. Die Elektrik stammte in der Regel von Bosch. Das ganze konnte so weit gehen, dass – wie im Beispiel Sulzer – sogar Motorhauben verwendet wurden, die man gerade irgendwo ergattert hatte. Hier war viel Improvisation im Spiel. Technische Neuerungen oder Höchstleistungen durfte man von diesen Modellen nicht erwarten. Doch bekam der Landwirt für sein Geld zuverlässige Schlepper mit echten Marken-Bauteilen.

In Zeiten der großen Nachfrage war das ein gutes Mittel, doch mit zunehmender Marktsättigung überlebte nur noch der, dem es gelang, sich durch ein innovatives Programm von den anderen abzuheben. Hier stießen die Konfektionsschlepper an ihre Grenzen. Ihre Produzenten hatten nicht die nötigen finanziellen Mittel, die für die Entwicklung neuer Technik nötig waren.

Untergang der ersten Firmen

Zwischen 1949 und 1956 wurden in Westdeutschland über 500.000 meist kleinere Traktoren verkauft. Fast jeder Hof besaß nun mindestens einen Schlepper, wenn er auch manchmal weniger als zwölf PS leistete. Der Markt war gesättigt. Inzwischen existierte auch ein tragfähiger Gebrauchtfahrzeugmarkt, wo sich die weniger betuchten Landwirte bedienen und ein größeres Modell zu einem ähnlichen Preis wie dem eines Einzylinder-Bauernschleppers kaufen konnten.

Viele Hersteller von Konfektionsschleppern mussten als erste aufgeben. Darunter waren Namen wie Röhr, Bischoff oder Kögel. Die Branche litt unter dem forschen Auftreten der neuen Firma Porsche-Diesel, die ab 1956 begann, mit generalstabsmäßig geplanten Marketingoffensiven und einem Kampfpreis die Konkurrenz massiv unter Druck zu setzen. Porsche-Diesel war durch die Übernahme der Porsche-Modelle von Allgaier durch die Röhrenfirma Mannesmann entstanden.

In diesen Jahren des Schlepperbooms hatte sich der Traktor als unverzichtbares Arbeitsmittel auf allen Bauernhöfen und Gutsbetrieben durchgesetzt. Auf der Straße hatte er seine Position als Zugmaschine weitgehend gesichert, wenn auch mehr und mehr die neuen Kleintransporter in dieses Segment eindrangen. Auch in der Bauwirtschaft und im kommunalen Dienst fand der Traktor wichtige Einsatzfelder vor. Hier setzte in den sechziger Jahren eine zunehmende Spezialisierung ein, was Ausstattung, Form und Zubehör betraf. Doch auch auf dem Markt der Ackerschlepper konnte man dieses Phänomen beobachten.

Einer der vielen Hersteller, die schon früh aufgeben mussten, war die Münchner Firma Kögel. Lediglich fünf Jahre lang wurden Traktoren gebaut. Dieses Modell K 25 stammt aus dem Jahr 1951.

Nach dem ersten Boom wurden von den Firmen Modelle entwickelt, die den verschiedenen Aufgabengebieten möglichst gut angepasst waren.

Zunehmende Spezialisierung der Traktoren

Steigende PS-Leistung, abnehmende Zahl der Hersteller:
Die Absatzkrise der 1960er und 1970er

Lanz – das Ende und der Neuanfang mit John Deere

Einer der großen deutschen Traktorproduzenten, die Firma Lanz, hatte mit dem Glühkopfmotor einst Geschichte geschrieben. Doch angesichts der modernen Dieselschlepper war klar, dass man nachziehen musste. Dies geschah ab 1952 mit den Halbdiesel-Modellen. Ihre Motoren hatten eine höhere Drehzahl als die Glühkopfmotoren, hatten Umkehrspülung, Direkteinspritzung und einen kleineren Hubraum. Man startete mit Benzin und stellte dann auf Dieselbetrieb um. Ihnen folgten die Volldiesel, bei denen dieses Starten mit Benzin fortfiel und der Start wie bei einem herkömmlichen Dieselmotor mit Glühkerze und Anlasser erfolgte. Beide Motorarten waren Zweitakter und Einzylinder. Bei Einzylindermotoren mit ihrem schlechten Massenausgleich konnte man nicht auf gehobenen Fahrkomfort hoffen. Die Umsätze gingen zurück, noch dazu, wo auch die Alldog-Geräteträger Ärger verursachten.

Konstruktiv wiesen die neuen Modelle einige interessante Besonderheiten auf, so die besonders schmale Motorhaube mit der daran vorbeigeführten Lenkung, die eine gute Sicht gewährleistete und die Einzelradfederung an der Vorderachse.

1956 erwarb der amerikanische Konzern John Deere die Aktienmehrheit. Vier Jahre später hieß die Firma John Deere-Lanz. Deutschland hatte eines seiner Flaggschiffe in der Traktorbranche verloren. Doch für das Mannheimer Werk erwies sich die Übernahme als Rettung. Mit neuen Modellen, die moderne Dieselmotoren bekamen, begann der Wiederaufstieg bis an die Spitze des Marktes.

Nur zögernd wandte sich der deutsche Marktführer Lanz dem Dieselantrieb zu. Man hatte sich zu lange auf die früheren Erfolge des Glühkopfmotors verlassen.

ANDERE FIRMEN, DIE IN DIE KRISE GERATEN

Porsche-Diesel war als Nachfolger von Allgaier angetreten. Mit Modellen wie dem Tragschlepper Standard T feierte das Unternehmen einen beispiellosen Höhenflug. Doch bereits 1963 schlossen sich die Tore wieder.

Andere Firmen, die in die Krise geraten

Doch nicht nur Lanz war in die Absatzkrise geraten. 1956 musste Nordtrak aufgeben, eine Firma, die sich vor allem durch ihre Allradschlepper auszeichnete. Auch stets kreative Unternehmen wie Normag, Ritscher und Primus mussten erkennen, dass sie nicht mehr mithalten konnten. Die abgesetzten Exemplare waren zu wenig, um konkurrenzfähig produzieren zu können.

1962/63 war das Ende der Schlepperfertigung bei den bedeutenden Landmaschinenfabrikanten Bautz und Fahr zu verzeichnen. Beide hatten sich mit anderen Herstellern zusammengetan, um das Traktorprogramm aufrechterhalten zu können und gleichzeitig Kosten zu senken. Bautz hatte eine Vertriebsunion mit der Hanomag geschlossen, die vorsah, dass Bautz die Modelle bis 20 PS beisteuerte, Hanomag die stärkeren. Fahr wiederum trat in enge Verbindung zu Güldner. Gemeinsam wurde 1959 die „Europa-Reihe" vorgestellt, die aus Traktoren bestand, die im Baukastensystem hergestellt waren. Doch diese Reihe war – was Fahr betrifft – bald beendet. Klöckner-Humboldt-Deutz stieg 1962 bei Fahr ein. Von nun an

Die ersten Modelle, die von John Deere verantwortet wurden, waren die beiden Typen 300 und 500. Mit ihnen gelang 1960 eine moderne Traktorenfertigung in Mannheim anzulaufen.

ZUNEHMENDE SPEZIALISIERUNG DER TRAKTOREN

kam es zur Arbeitsteilung: Deutz baute die Traktoren, Fahr kümmerte sich um die Arbeitsgeräte und Mähdrescher. Im gleichen Jahr gab MAN überraschend die Herstellung von Traktoren auf. Mit den Allradschleppern hatte man sich ein kleines aber exquisites Feld gesichert, doch die Herstellung von Lastkraftwagen, die in den sechziger Jahren hohe Absätze versprach, erschien dem Unternehmen lukrativer. Die Fertigung sollte Porsche-Diesel übernehmen, doch diese Firma war nach herausragenden Verkaufserfolgen selbst in eine Krise geraten und musste 1963 aufgeben.

Veränderungen auf dem Markt

Auch die Unternehmen, die das Ende des Schlepperbooms überlebten, wussten, dass die Zeiten rauer werden. Die meisten Firmen unternahmen Anstrengungen, die Kosten zu senken. Dabei wurde auch oft die Programmpalette reduziert. In dem Bestreben, möglichst alle Kundenwünsche zu befriedigen, hatten manche Hersteller zu viele Versionen einzelner Modelle auf den Markt gebracht. Das sollte nun korrigiert werden.

Die Änderung der Produktpalette wurde oft mit Marketingoffensiven begleitet. Dazu gehörte auch die Einführung neuer Bezeichnungen für die Traktoren. Musterbeispiel für gelungene Neustarts waren 1958 Fendt mit der ff-Reihe, bestehend aus den Modellreihen Fix, Farmer und Favorit, oder Eicher 1959 mit der „Raubtier-Reihe". Fendt gelang es, mit den neuen Modellen den Umsatz innerhalb von fünf Jahren fast zu verdoppeln. Werbung und Verkaufsstrategie spielten eine immer wichtigere Rolle. Das hatte auch Porsche-Diesel mit seinem schnellen Aufstieg gezeigt. Dazu gehörte ein immer strengeres einheitliches Äußeres. Hanomag zum Beispiel glich die Motorhauben seiner ganzen Modelle an die der neuen Zweitakter an.

In der Frühzeit des Traktorbaus hatten vor allem technische Überlegungen eine Rolle gespielt. Leistung und Zuverlässigkeit waren

International Harvester gehörte zu den Firmen, die lange an der Spitze der Schlepperstatistik standen. Die meisten hierzulande verkauften Traktoren, so auch dieses Modell 743, wurden in Neuss am Rhein gefertigt.

LANDWIRTSCHAFT MIT NEUEM BEDARF

die Hauptgesichtspunkte. Mit der Marktsättigung und den steigenden Ansprüchen der Kunden, begannen die Bedürfnisse des Fahrers eine immer wichtigere Rolle zu spielen. Nach den Erkenntnissen, die man aus nun schon mehreren Generationen des Arbeitens mit Traktoren gewonnen hatte, fiel zum Beispiel auf, dass viele Traktorfahrer an Kreuzschmerzen litten. Dies war nicht zuletzt eine Folge der unbequemen Schleppersitze und einer falschen Haltung. Diesem Übelstand begegneten die Hersteller mit Fahrersitzen, die nach arbeitsmedizinischen Gesichtspunkten entwickelt wurden. Die Sitze konnten nun der Körpergröße des Fahrers angepasst werden, sie bekamen eine bessere Federung und unter Umständen sogar eine Lendenwirbelstütze. Außerdem wurden das Lenkrad, die Schalthebel und die Armaturen ergonomisch günstiger konstruiert.

Überhaupt zeichnete sich ein Trend zu höherem Komfort ab. Dazu gehörten beispielsweise Leichtgangschaltungen, hydraulische Arbeitshilfen, die Weiterentwicklung der Bordelektronik, Instrumententafeln, Zigarettenanzünder, wirksamere Federungen, Einzelradfederung, Konstruktionen, die ein bequemeres Aufsteigen ermöglichten: Das Arbeiten mit dem Schlepper wurde angenehmer und näherte sich immer mehr dem Fahren mit einem PKW an.

Eine wichtige Entwicklung vollzog sich angesichts der vielen Unfälle, die sich Jahr für Jahr mit Traktoren ereignet hatten. Die verpflichtende Einführung eines Umsturzbügels 1970, mit dem auch die „Oldtimer" bis 1977 nachgerüstet werden mussten, war eine sinnvolle Maßnahme. Beim Arbeiten an Hängen bestand die Gefahr, dass der Schlepper umkippte und den Fahrer erdrückte. Die tödlichen Unfälle konnten dadurch spürbar gesenkt werden. Immer wieder war es aber auch zu Unfällen mit schwerbeladenen Anhängern gekommen, weil der Hänger bei

starkem Bremsen in der Kurve auf den Schlepper auffuhr oder ihn zum Umkippen brachte. Hier wurden effektive Bremsen auch für die Anhänger eingeführt. Die höheren Fahrgeschwindigkeiten mussten durch stärkere Bremsen sicherer gemacht werden.

Landwirtschaft mit neuem Bedarf

Während die Landwirtschaft früher als ein Vollzeitberuf galt, änderte sich die Lage da-

Ford war einer der ältesten Traktorproduzenten. 1991 wurde die Landtechniksparte von Fiat übernommen.

Eicher gehörte zu den wichtigsten Traktorfirmen im süddeutschen Raum. Im Bild sieht man einen Königstiger aus dem Jahr 1965.

ZUNEHMENDE SPEZIALISIERUNG DER TRAKTOREN

Mit dem Hydrostop konnte der Porsche-Traktor auch gelenkt werden, wenn man sich nicht auf dem Fahrersitz befand.

hingehend, dass viele kleine Bauern auf einen Nebenverdienst angewiesen waren. So kam es oft dazu, dass der Familienvater in die Fabrik zum Arbeiten ging, während die Stallarbeit und die Bewirtschaftung der Felder der Ehefrau und unter Umständen den Kindern überlassen blieb. Umgekehrt war der Landwirt beim Verrichten der Arbeit auch oft auf sich alleine gestellt. Diesem Trend kamen die Hersteller entgegen, indem sie darauf bedacht waren, die Arbeit mit dem Traktor einfacher zu gestalten. Entsprechend gebaute mechanische oder hydraulische Kraftheber konnten entscheidend dabei helfen, das Anbauen von Geräten zu erleichtern.

Viele Landwirte arbeiteten alleine auf dem Feld. Porsche-Diesel zum Beispiel führte deshalb den Hydrostop ein. Dabei handelte es sich um eine Vorrichtung, die ein fahrerloses Arbeiten ermöglichte. Zum Hydrostop gehörte ein Zusatzlenkrad, das mit dem eigentlichen Lenkrad über eine Stange verbunden war und mit dem die Spur des langsam fahrenden Schleppers korrigiert werden konnte, ohne dass eine Person auf dem Fahrzeug saß. Eine automatische Drehzahlregelung sorgte dafür, dass die nötige Motordrehzahl ohne Betätigung des Gaspedals beibehalten wurde. Das Anfahren und Anhalten des Traktors wurde über einen Betätigungshebel, der auf die ölhydraulische Kupplung und die Bremse wirkte, vollzogen. Der Hydrostop hatte den Vorteil, dass eine Person Rüben oder Heu aufladen konnte, ohne dass ein Fahrer auf dem Traktor saß.

Die Hersteller waren aber auch bemüht, das An- und Abbauen von Arbeitsgeräten im Zwischenachsbereich oder am Heck zu erleichtern. Fendt konzipierte seine Geräteträger als „Einmannsystem", wovon später noch die Rede sein soll. Auch beim Combitrac-System von Hanomag kam man diesem Ziel entgegen.

Eine andere Entwicklung in der Landwirtschaft zeichnete sich durch die Flurbereinigung ab. Die Felder waren im Laufe der Jahrhunderte immer kleiner geworden, was sich durch Vererbung oder Zukäufe so ergeben hatte. Oft lagen die Äcker eines Landwirts weit auseinander. Damit wurde die Feldarbeit sehr umständlich, vor allem wenn man mit Maschinen arbeiten wollte. Deshalb wurden in der Flurbereinigung die Flickerlteppiche beseitigt und durch Tausch größere Feldeinheiten geschaffen, die besser bewirtschaftet werden konnten. Mit dem Wachsen der Flächen wurden aber auch größere Maschinen möglich, die wiederum leistungsfähigere Traktoren erforderten. Ein Trend zu mehr PS zeichnete sich ab – die Traktoren wurden größer und stärker.

Mit neuer Technik gegen die Krise

Ein möglicher Weg, die eigene Marke zu stärken, bestand für manche Unternehmen darin, sich in technischer Hinsicht von der Konkurrenz abzuheben. Hanomag hatte schon 1953 einen Weg versucht, der zunächst viel versprechend aussah, dann jedoch zu großen Problemen führte. Man hatte neue Modelle eingeführt, die mit Zweitaktmotoren arbeiteten. Die Entwickler hatten sich niedrigere Kosten, weniger Gewicht und kompaktere Motoren versprochen. Gerade bei Tragschleppern oder – bei anderen Anbietern: Geräteträgern – war dies in der Tat ein großer Vorteil. Firmen wie Hatz, Stihl, Holder, Normag und natürlich Lanz hatten Zweitakter im Programm. Sogar Fendt bot ein Modell mit einem solchen Motortyp an. Bald entpuppte sich der Zweitakter jedoch als Irrweg und wurde aufgegeben.

Der Zug zu neuen, leistungsfähigeren und dabei sparsamen Motoren war in dieser Zeit unverkennbar. Die Reduzierung der Lautstärke spielte inzwischen eine Rolle. Nach den Wirbelkammermotoren wurden die Direkteinspritzer das Maß aller Dinge. Eigene Wege war MAN mit seinem M-Verfahren gegangen. Die Einzylinder-Modelle starben langsam aus. Zwei, drei oder besser vier Zylinder wurden Standard. Große Traktoren bekamen sogar kräftige Sechszylindermotoren. Dadurch stieg natürlich auch die PS-Zahl. Schwere Anbaugeräte wie Feldhäcksler, gezogene Mähdrescher oder schwere Pflüge erforderten hohe Motorleis-

In dem ehemaligen Lanz-Werk in Mannheim wurde dieser mit einem Dreizylinder-Dieselmotor ausgestattete John Deere 920 hergestellt.

ZUNEHMENDE SPEZIALISIERUNG DER TRAKTOREN

Der Königstiger II von Eicher kam 1968 mit einem neuen, modernen Styling auf den Markt.

tungen, lohnten es aber damit, dass die Arbeiten schneller erledigt werden konnten.

Eine wesentliche Hilfe war die sich in diesen Jahren durchsetzende und stets verbesserte Hydraulik. Immer mehr Aufgaben konnte sie erfüllen und immer größere Geräte konnten mit Hilfe der Hydraulik ausgehoben werden. Der Frontlader steigerte seine Hubkraft immer mehr. Bremsen waren durch die Hydraulik stark verbessert worden, eine Lenkhydraulik ermöglichte ein leichtes Steuern auch großer angetriebener Vorderräder.

Designer-Traktoren

Mit den sinkenden Verkaufszahlen richteten sich die Hersteller von Traktoren nach der guten alten Marketing-Devise, dass das Produkt schön verpackt sein musste. Man beauftragte namhafte Industriedesigner wie den Franzosen Lucien L. Lepoix damit, den Traktoren ein wertiges Äußeres zu geben. Gehörten dazu in den ausgehenden Fünfzigern noch rundlichere Formen und Zierleisten, so wurde in den sechziger Jahren das Design eckiger, was offenbar der damaligen Vorstellung von Modernität entsprach. Wie bei den PKW spielte das Aussehen eine immer wichtigere Rolle. Bei Eicher hatte man das Design der 1968 gestarteten 3000-Reihe dem Industriedesigner Ernest Hofmann-Idl aus Rosenheim überlassen. Der Traktorhersteller aus Forstern stieß damit durchaus auf eine positive Resonanz. Eines des Modelle

SCHÜTZENDE KABINE

Fendt begründete mit seiner ff-Reihe, vor allem den Modellen Farmer und Favorit einen jahrelangen Erfolg. Bestechend waren die hohe Verarbeitungsqualität und die Leistungsfähigkeit dieser Schlepper.

Die moderne Kabine ist ein ergonomisch gestalteter Arbeitsplatz.

bekam zwei Jahre später auf der DLG-Ausstellung in Köln sogar die Auszeichnung „formschönster Schlepper 1970".

Die schützende Kabine
Ein Ausrüstungsgegenstand, der in der Vorkriegszeit lediglich für Straßentraktoren zur Verfügung stand, war die Fahrerkabine. Heute gibt es praktisch keine Traktoren mehr, für die nicht zumindest optional eine Kabine zur Verfügung steht. Bis in die sechziger Jahre behalfen sich die Landwirte noch zum größten Teil mit Allwetterverdecken, wie sie die Traktorproduzenten selbst oder Zulieferer wie die Firma Fritzmeier herstellten, um sich vor dem schlechten Wetter zu schützen. Doch mit dem Wunsch nach höherem Komfort wurde die Kabine immer beliebter. Sie hat jedoch auch die wichtige Aufgabe, die Gesundheit des Fahrers zu schützen. Bei der Arbeit mit gezogenen Mähdreschern oder Häckslern kommt es beispielsweise zu einer hohen Staubbelastung, die gesundheitsschädlich sein kann. Auch das Ausbringen von Düngern und

ZUNEHMENDE SPEZIALISIERUNG DER TRAKTOREN

Bei den großen Schlepper von Schlüter gehörte die Kabine schon zum Standard.

Schädlingsbekämpfungsmitteln birgt gesundheitliche Gefahren in sich. Eine luftdicht abgeschlossene Kabine ist für solche Arbeiten heute unerlässlich. Spezielle Filtersysteme sorgen für eine saubere und schadstofffreie Kabinenluft.

Die Zeiten, in denen der Fahrer Nässe und Hitze ertragen musste, sind bei der Ausstattung mit modernen Kabinen ebenfalls vorbei. Eine Heizung sorgt in kalten Jahreszeiten für eine angenehme Temperatur. Auf Wunsch sind bei den meisten Modellen zudem Klimaanlagen erhältlich. Selbst mit einem Kühlschrank können die Cockpits großer Schlepper ausgestattet werden.

Moderne Kabinen sind oft auf sogenannten Silent-Blöcken gelagert und besitzen eine eigene Federung. Dies soll das Übertragen von Stößen und Vibrationen verhindern und so auch die Belastung des Fahrers verringern. Gemeinsam mit der besseren Abschirmung der Kabine konnte auf diese Weise der Lärmpegel ständig verringert werden. In den siebziger Jahren lag die Geräuschbelastung unter Volllast häufig noch bei über 80 dB(A). In modernen Kabinen liegt dieser Wert meist nur noch bei wenig über 70 dB(A). Angesichts der ruhigen Umgebung, die heute eine Kabine bietet, ist es nicht verwunderlich, dass man häufig ein Radio, einen Kassettenspieler oder sogar eine Stereoanlage eingebaut findet.

Bei all diesem Komfort, den eine Kabine bietet, handelt es sich nicht um reinen Luxus. Es besteht durchaus ein sicherheitsrelevanter und pragmatischer Aspekt. Denn die Arbeitszeit, die auf dem Traktor verbracht wird, hat sich im Laufe der Zeit ständig verlängert. Den Fahrer durch einen komfortablen Arbeitsplatz vor Ermüdung und Belastungen zu schützen, dient auch der Sicherheit und der Produktivität.

Mit dem Geräteträger zum Einmannsystem:
Fehlschlag und Erfolg eines Schlepperkonzepts

Der Stihl 140, der von 1948 bis 1957 hergestellt wurde, war ein typischer Tragschlepper, der mit Geräten zwischen den Achsen arbeiten konnte.

Auch Porsche-Diesel brachte Tragschlepper auf den Markt, wie diesen Standard Star 238, der gleich mit drei Geräten arbeitet.

Die Motorisierung nach dem Zweiten Weltkrieg brachte für die Landwirte enorme Vorteile mit sich. Denn die Traktoren arbeiteten ermüdungsfrei. Sie erforderten nur Kraftstoff sowie hin und wieder Wartungsarbeiten. Das Gras und Heu, das vorher die Pferde und Ochsen verbraucht hatten, konnte nun für andere Nutztiere verwendet werden. Die Kühe fraßen nun das bessere Futter und gaben mehr Milch, die damals noch gut bezahlt war. Der frei gewordene Pferdestall konnte in einen Kuh- oder einen Schweinestall umgewandelt werden. Aber zur gleichen Zeit fand eine andere Entwicklung statt, die für den Landwirt nicht so erfreulich war: Das Wirtschaftswunder der fünfziger Jahre brachte einen Arbeitskräftemangel in der Landwirtschaft mit sich. Die Zeit, in der selbst auf mittelgroßen Höfen Knechte und Mägde für wenig Geld arbeiteten, war vorbei. Auch ungelernte Personen fanden eine Stelle in den Fabriken, wo die Arbeit weniger anstrengend, die Bezahlung besser war und es sogar Urlaub gab. Wo einst viele Hände bei der Arbeit mithalfen, war nun der Landwirt mit seiner Familie ganz auf sich alleine gestellt.

Als Folge des Arbeitskräftemangels musste die Arbeit in der Landwirtschaft weiter rationalisiert werden. Mehr Maschinen mussten zum Einsatz kommen. Auch die Traktorenbauer waren schon früh bemüht, die Möglichkeit zu bieten, mit einem Schlepper mehrere Maschinen gleichzeitig einzusetzen. Manche Hersteller brachten sogenannte Tragschlepper auf den Markt. Dies waren Traktoren, die einen verlängerten Radstand besaßen. Der erweiterte Platz zwischen den Achsen ermöglichte den Anbau eines Gerätes, beispielsweise eines Grubbers, der gleichzeitig mit einer am Heck befestigten Maschine, beispielsweise einer Egge, eingesetzt werden konnte. Dadurch konnten zwei Arbeitsgänge auf einmal ausgeführt werden. Alternativ dazu boten manche Hersteller Traktoren mit einem optionalen Frontanbau-

ZUNEHMENDE SPEZIALISIERUNG DER TRAKTOREN

Der Lanz A 1205 bot viel Platz für den Geräteanbau. Aber unter der kleinen Motorhaube arbeitete nur ein zwölf PS starker Motor.

Auch der A 1305 konnte die Motorprobleme der Alldogs nicht lösen. Manche Exemplare wurden deshalb in den 60er-Jahren mit Deutz-Motoren ausgestattet.

raum an. Der hydraulische Frontkraftheber war damals allerdings noch selten.

Lanz und der Alldog

Einen radikaleren Schritt unternahm man bei Lanz. Die Bulldogfabrikanten aus Mannheim, die so lange an ihrem Glühkopfmotor festgehalten hatten, bis sie von der Konkurrenz mit den Dieseltraktoren überholt worden waren, überraschten die Öffentlichkeit anlässlich der DLG-Wanderausstellung 1951 in Hamburg mit einer Neuentwicklung: dem Motorgeräteträger. Der MTG hatte ein ungewöhnliches Aussehen. Der Fahrersitz war ganz hinten, seitlich nach rechts versetzt am Heck positioniert. Der vordere Teil, wo sich bei einem normalen Traktor die Motorhaube befand, bestand aus zwei Längsholmen und einer Querverbindung, auf die man zu Transportzwecken eine Ladepritsche oder einen anderen Behälter aufmontieren konnte. Worauf die Repräsentanten aus Mannheim vor allem hinwiesen, und was die überarbeiteten Landwirte hauptsächlich ansprechen sollte, das waren die drei Anbauräume. Der Motorgeräteträger bot die Möglichkeit, am Heck, zwischen den Achsen und im Frontbereich Geräte oder Maschinen anzubringen. Beispielsweise konnte man vorne einen Düngerstreuer, zwischen den Achsen einen Grubber und am Heck eine Sämaschine anbauen.

Aber wo war der Motor? Das Antriebsaggregat befand sich links vor dem Fahrer unter einer kleinen Haube. Viel Platz war nämlich nicht vorhanden. Deshalb konnte man nicht auf die herkömmlichen Motoren zurückgreifen, die den Standardtraktoren ihre Leistungsstärke verliehen. Die Mannheimer Konstrukteure hatten sich stattdessen für einen Zweitakt-Benzinmotor der Triumph-Werke in Nürnberg (TWN) entschieden. Der Benziner war eigentlich für den Antrieb von Motorrädern konstruiert worden. Sein Hubraum betrug nur 446 Kubikzentimeter. Nach einigen Änderungen und Anpassungen wollte man ihn nun für den Betrieb eines Traktors einsetzen. Die Leistung wurde mit zwölf PS angegeben.

Kurz nach seiner Geburt erhielt der Motorgeräteträger einen passenderen Namen. In Anlehnung an die anderen Traktoren aus dem Hause Lanz, die „Bulldog" genannt wurden, erhielt der MTG den Namen „Alldog". Der Name sollte, neben der Herkunft, auch darauf hinweisen, dass es sich bei der Maschine um einen Alleskönner handelte.

Feld und Erntearbeiten, Säen und Transporte sollten mit dem Alldog dank seiner Flexibilität erledigt werden können.

Der erste Alldog erhielt die Typenbezeichnung A 1205. Die Nachfrage nach dem neuartigen Schlepper war durchaus groß. 1953 erhielt Lanz sogar auf einer Rationalisierungsausstellung eine Auszeichnung, den „Grand Prix". Auf der Medaille stand „Alle sollen besser leben". Die Erwartungen waren hoch. Aber leider lief nicht alles so, wie es sich die Konstrukteure und die Käufer erhofft hatten. Der kleine Motor bereitete Schwierigkeiten. Wie sich zum Leidwesen vieler Kunden bald herausstellen sollte, war er den Anforderungen des landwirtschaftlichen Alltags nicht gewachsen, weshalb er oft den Geist aufgab.

Schon 1953 ließ Lanz den Nachfolger des A 1205 aus der Werkstatt rollen. Der A 1215 wurde wieder auf einer DLG-Wanderausstellung, diesmal in Köln, der breiten Öffentlichkeit vorgestellt. Unter der kleinen Haube befand sich ein neuer Motor, der wiederum von TWN stammte, aber diesmal mit Diesel lief. Es handelte sich um einen Zweitakt-Mitteldruckmotor, auf den Lanz zu dieser Zeit auch bei den Standardtraktoren als Nachfolger der Glühkopfmotoren setzte. Der Hubraum hatte sich zwar im Vergleich zum Vorgänger vergrößert, aber mit 533 Kubikzentimetern war er immer noch recht klein. Die Leistung wurde bei einer Nenndrehzahl von 2.888 Umdrehungen mit zwölf PS angegeben. Was sonst noch am A 1215 auffiel, war der Tank, der sich auf dem linken Kotflügel des Schleppers befand.

Der Alldog enttäuschte auch in dieser Ausführung die potentiellen Kunden, die sich immer mehr in Zurückhaltung übten, während man sich bei Lanz bemühte, den Image-Schaden wieder zu reparieren. Schon 1955 kam der A 1305 auf den Markt. Angetrieben wurde dieser neue Alldog von einem

Der A 1806 war das letzte Alldog-Modell. Er besaß einen modernen und zuverlässigen Viertakt-Dieselmotor von MWM.

ZUNEHMENDE SPEZIALISIERUNG DER TRAKTOREN

Die IFA-Modelle RS 08/15 (links) und der RS 09 (rechts) gehörten zu den Pionieren im Geräteträgerbau. Heute stehen diese Exemplare im Deutschen Landwirtschaftsmuseum in Stuttgart-Hohenheim.

Dieselmotor mit Direkteinspritzung, bei dem es sich allerdings immer noch um einen Zweitakter handelte. Die Leistung lag immerhin um ein PS höher als beim Vorgänger, obwohl sich die Hubraumgröße nicht verändert hatte. Schon 1956 ersetzte der A 1315 den A 1305. Motor und Leistung waren gleich geblieben. Was sich ebenfalls nicht verändert hatte, waren die auffallende Rauch- und Geräuschentwicklung. Zumindest für die Ohren des Fahrers fand man eine Lösung, indem man die Aluminiumhaube des Motors mit Isoliermatten versah und den Auspuff anders konstruierte.

1956 entschied man sich bei Lanz endlich, einen Alldog mit einem anderen Dieselaggregat auszustatten. Diesmal handelte es sich dabei um einen Viertakt-Dieselmotor von MWM mit zwei Zylindern und einem Hubraum von 1.248 Kubikzentimetern. Die Leistung lag bei 18 PS bei einer Nenndrehzahl von 2.000 Umdrehungen pro Minute.

Die Alldog-Modelle

Modell	Bauzeit	Motor	Leistung
A 1205	1951–1953	TWN-Vergasermotor	12 PS
A 1215	1953–1954	TWN-Zweitakt-Dieselmotor	12 PS
A 1305	1955–1956	Lanz-TWN-Zweitakt-Dieselmotor	13 PS
A 1315	1956–1957	Lanz-TWN-Zweitakt-Dieselmotor	13 PS
A 1806	1956–1960	MWM-Viertakt-Dieselmotor	18 PS

ERFINDERGEIST UND FEHLSCHLÄGE

Der Geräteträger Kombi Rekord von Schmotzer aus den 60-Jahren zählt heute zu den seltenen Raritäten.

Der neue A 1806 war leicht an dem relativ großen MWM-Motor, der sich links vom Fahrer befand, zu erkennen. Er zeichnete sich zwar nicht durch optische Eleganz aus, dafür aber durch Zuverlässigkeit. Eigentlich wäre der Alldog nun bereit gewesen, den Erwartungen, die man am Anfang in ihn gesetzt hatte, zu entsprechen. Aber sein Ruf hatte mittlerweile schon irreparable Schäden erlitten. Dies war einer der Gründe, warum 1960 die Produktion eingestellt wurde. Ungefähr 1.000 Exemplare des A 1806 waren verkauft worden.

Erfindergeist und Fehlschläge
Lanz hatte am Anfang mit seinem Alldog für viel Aufsehen gesorgt, aber die Mannheimer waren nicht die ersten und einzigen, die sich an den Bau eines Geräteträgers gewagt hatten. Der „Volksschlepper", mit dessen Konstruktion sich Ferdinand Porsche ab 1937 beschäftigte, hatte in einer überarbeiteten Variante das Aussehen eines Geräteträgers. Der Fahrersitz war in dieser Version ganz nach hinten gerutscht. Der Motor und der Tank befanden sich direkt vor dem Lenkrad. Vorne auf dem Rahmen konnte eine Ladepritsche angebracht werden. Aber über das Stadium von Prototypen kam Porsches Traktor nicht hinaus.

Nach dem Zweiten Weltkrieg begann in der Ostzone der Erfurter Ingenieur Egon Scheuch mit der Konstruktion eines Geräteträgers. Den Prototyp erhielt 1951 das Schlepperwerk Schönebeck, wo er weiterentwickelt wurde. Die Serienproduktion des RS 08/15, der den Beinamen „Maulwurf" erhielt, begann jedoch erst im folgenden Jahr. Der Zweitakt-Benzinmotor leistete mit seinen zwei Zylindern 15 PS. Wie schon beim Alldog, so blieb auch beim Maulwurf der Motor, trotz Verbesserungen in den folgenden Jahren, die Schwachstelle der Konstruktion. Bedeutend erfolgreicher war der Nach-

ZUNEHMENDE SPEZIALISIERUNG DER TRAKTOREN

Der Ruhrstahl-Geräteträger war eine innovative Konstruktion. Ein Markterfolg blieb jedoch aus.

folger RS 09, der ebenfalls aus dem Schlepperwerk Schönebeck kam. Als Antrieb diente diesmal ein Zweizylinder-Viertakt-Dieselmotor, der es auf eine Leistung von 18 PS brachte. Es handelte sich dabei um einen Lizenznachbau des österreichischen Herstellers Warchalowski. Von 1958 bis 1961 wurden 12.000 Exemplare des RS 09 hergestellt.

In Bübingen, in der Nähe von Saarbrücken, befinden sich die Gutbrod-Werke, die 1949 mit dem Geräteträger Farmax 10 D auf den Markt kamen. Die Typenbezeichnung weist schon darauf hin, dass die Motorleistung nur bei 10 PS lag. Dies war wohl auch in diesem Fall das Manko, das dazu führte, dass die Produktion schon nach wenigen Jahren wieder eingestellt wurde.

Auch die Maschinenfabrik Schmotzer aus Bad Winsheim gehörte zu den Pionieren der Geräteträgertechnik. Das erste Modell dieser Traktorart mit der Bezeichnung Kombi kam schon 1951 auf den Markt und wurde von einem 12 PS starken MWM-Motor angetrieben. In der Folgezeit erhöhte man die Leistung. In den sechziger Jahren wurden die Geräteträger „Kombi Rekord" genannt. Aber richtig erfolgreich war Schmotzer damit nicht, weshalb die Fertigung an die Reform-Werke abgegeben wurde.

Die Firma Ritscher in Sprötze bei Hamburg hatte sich schon vor dem Zweiten Weltkrieg mit der Fertigung von Raupen- und Radtraktoren einen Namen gemacht. 1954 nahm man dann einen Geräteträger mit der Bezeichnung „Multitrak" mit in das Programm auf. Der Ritscher-Geräteträger war niedrig gebaut und zeigte deshalb auch am Hang eine hohe Standfestigkeit. Er besaß wie der Alldog zwei Rundholme, die in diesem Fall jedoch den Vorteil hatten, dass sie ausziehbar waren, wodurch sich der Radstand an den jeweiligen Einsatzzweck anpassen ließ. Neben der Normalversion war zudem eine Hochradausführung verfügbar. Die Ritscher-Konstrukteure ersetzten 1955 den nur zwölf PS leistenden MWM-Motor durch einen 17 PS starken Dieselmotor des in Aschaffenburg ansässigen Traktorbauers Güldner, der im Gegenzug mehrere Hundert Multitraks von Ritscher übernahm und sie mit einem anderen Anstrich unter eigenem Namen verkaufte. Später bekam der Multitrak noch stärkere Deutz-Motoren verabreicht, sodass er zum Schluss sogar auf eine Leistung von 25 PS kam. Als Ritscher 1962 die Produktion des Multitrak einstellte, hatte die Zahl der hergestellten Exemplare nicht einmal die 3.000-Marke erreicht.

Nur wenige Stück des Geräteträgers der Ruhrstahl AG wurden verkauft. Dabei handelte es sich bei dem Traktor mit der Typenbezeichnung „B 07 Landmaschine" um eine auffallende Konstruktion. Das Fahrzeugheck mit dem Fahrerstand und dem Motor war mit der Vorderachse über zwei nach oben gezogene Kastenholme verbunden. Dadurch sollte mehr Platz als bei anderen Geräteträgern für den Einsatz von Maschinen zwischen den Achsen geschaffen werden. Es gingen zwar mehrere Hundert Vorbestellungen für das relativ teure Fahrzeug ein, letztendlich wurden aber nur wenige Modelle verkauft.

Geräteträger im Alpenblau: der Eicher-Kombi

An der Bereitschaft, sich auf Neues einzulassen, hatte es bei dem Traktorhersteller Eicher nie gemangelt. Nachdem Lanz seinen Alldog vorgestellt hatte, begann man auch in Forstern mit der Arbeit an einem Geräteträger. Einen ersten Prototypen, der auf einen Standardtraktor basierte, konnte man der Öffentlichkeit schon Mitte 1952 zeigen. Bei dem Eicher-Kombi, den man schließlich auf der DLG Wanderausstellung 1953 vorstellte, handelte es sich aber um eine Neuentwicklung. Der Kombi besaß einen Front- und einen Heckkraftheber, mit denen man unabhängig von einander die angebauten Geräte ausheben konnte. Nicht nur die Spurweite, auch den Achsabstand konnte man ohne großen Aufwand verstellen. Allerdings zeigte die Konstruktion mit zwei Holmen eine Ähnlichkeit mit dem Alldog, was die Mannheimer Firma dazu veranlasste, Eicher wegen Patentverletzung zu verklagen. Es dauerte ein Zeit lang bis die rechtlichen Hürden soweit geklärt waren, so dass der Kombi in Serienfertigung gehen konnte. 1955 brachte Eicher schließlich den Kombi G 19 auf den Markt. Der alpenblaue Geräteträger hatten einen entscheidenden Vorteil gegenüber dem Lanz-Alldog, nämlich den zuverlässigen, luftgekühlten Eicher-Motor, der mit seinen 19 PS eine Leistung erbrachte, von der die Alldog-Fahrer nur träumen konnten.

Um ein genaueres Arbeiten am Hang zu ermöglichen, führte Eicher 1956 beim Kombi die Hangsteuerung ein. Dabei handelte es sich um eine Knicklenkung. Das heißt, der hintere Teil des Geräteträgers war mit dem Vorderwagen, der aus dem Rahmen und der Vorderachse bestand, über ein Gelenk verbunden. Beim Einsatz am Hang konnte der Fahrer mit einer Kurbel beim Abrutschen so gegensteuern, dass die Hinterräder in der gleichen Spur wie die Vorderräder liefen.

Die zweite Generation der Kombi-Geräteträger startete Eicher 1958 mit dem G 160 Kombi, bei dem es sich um ein leichter motorisiertes Modell handelte. Der Einzylindermotor mit 981 Kubikzentimetern Hubraum leistete 16 PS. Aber ein Jahr später ergänzte der Kombi G 200 das Angebot. Sein Zweizylinder-Motor konnte eine Leistung von 20 PS vorweisen. Mit noch mehr PS konnte der Kombi G 280 aufwarten. Das 1960 auf den Markt gekommene Modell besaß als Antrieb einen Zweizylinder-Motor von Eicher mit einem zwei Liter großen Hubraum.

Eine erhebliche Erweiterung erfuhr die Riege der Kombis in den sechziger Jahren mit Modellen im Leistungsbereich von 22 bis 40 PS. Als Antrieb kamen auch Dreizylinder-Motoren zum Einsatz. Ab 1966 bekamen die Eicher-Geräteträger den Zusatz „Unisuper" in der Typenbezeichnung.

Mit dem Frontlader lässt sich der Eicher G 200 auch für Ladearbeiten einsetzen.

ZUNEHMENDE SPEZIALISIERUNG DER TRAKTOREN

Die Eicher Kombis waren mit leistungsstarken luftgekühlten Motoren ausgestattet.

Die Geräteträger von Fendt zeichneten sich durch den Zentralholm aus, wie hier beim F 12 GT.

Das Motorenproblem der meisten anderen Hersteller von Geräteträgern hatte man bei Eicher nicht. Die luftgekühlten Dieselaggregate aus Forstern waren wegen ihrer Zuverlässigkeit bekannt, und die Konstrukteure hatten von Anfang an darauf Wert gelegt, dass genügend Antriebskraft zur Verfügung stand. Trotzdem war auch Eicher ein nennenswerter Erfolg mit den Kombis versagt. Vom meistverkauften Modell, dem G 280, konnten etwas über 1.100 Exemplare an den Mann gebracht werden. Bei den anderen Kombi-Typen waren die Verkaufszahlen teilweise bedeutend niedriger. 1968 stellte Eicher deswegen die Serienproduktion der Geräteträger ein. Einer der Gründe für die mangelnde Begeisterung der Zielgruppe lag wohl in dem Umstand, dass sich der Anbau der Geräte an den beiden Holmen nicht so einfach gestaltete, wie es mancher, auf sich alleine gestellter Landwirt erwartete. Ein anderer Grund lag darin, dass mittlerweile andere Geräteträger auf dem Markt auftauchten. Diese Modelle kamen aus der Allgäuer Kleinstadt Marktoberdorf. Sie hatten eine überzeugte Anhängerschaft gewonnen, und sie verhalfen dem Geräteträgerkonzept endlich zum Durchbruch.

Fendt und das Einmannsystem

Nachdem der Lanz-Alldog die Fachwelt hatte aufblicken lassen, begann man auch in der Traktorschmiede von Fendt an einem Geräteträger zu arbeiten. Den ersten Prototypen stellten die Marktoberdorfer bereits 1953 auf der DLG-Ausstellung vor. Es handelte sich dabei um eine langgestreckte Version des Dieselross F 12. Die Motorhaube war stark verkürzt. Ein Doppelrohrrahmen, an dem die Vorderachse pendelnd aufgehängt war, sollte zur Befestigung von Geräten dienen. Aber bei Fendt wollte man nicht zu hastig vorgehen, um den Geräteträger zur Marktreife zu bringen. Erst einmal sollte das System erprobt und verbessert werden. Die wohl bedeutendste Änderung, zu der sich die Konstrukteure entschlossen, war die Verwendung eines über ein Drehgelenk mit der Antriebseinheit verbundenen Zentralholms anstelle des Doppelrohrholms. Von Anfang an war man bei Fendt darauf bedacht, den An- und Abbau von Maschinen und Geräten möglichst einfach zu gestalten. Der Geräteträger sollte ein richtiges Einmannsystem

FENDT UND DAS EINMANNSYSTEM

werden. Eine Person sollte in der Lage sein, innerhalb von fünf Minuten ohne Werkzeug ein Arbeitsgerät anzubauen und es ebenso schnell wieder zu entfernen. Als Fendt schließlich 1957 den F 12 GT offiziell auf den Markt brachte und in die Serienfertigung einstieg, stellte man die einfache Handhabung und die Arbeitsersparnis, die das „Fendt-Einmannsystem" mit sich brachte, als Hauptverkaufsargument heraus.

Der F 12 GT erregte nicht das gleiche Aufsehen wie der erste Alldog, aber er war lange erprobt und durchdacht worden. Was noch fehlte, war die passende Motorleistung, denn der luftgekühlte Einzylindermotor von MWM brachte es nur auf zwölf PS. Schon ein Jahr nach Verkaufsstart entschloss man sich deswegen in Marktoberdorf, ein besser motorisiertes Modell auf den Markt zu bringen. Die Verkaufszahlen waren jedoch durchaus verheißungsvoll, denn über 1.000 Exemplare des F 12 GT hatten in kurzer Zeit einen Abnehmer gefunden.

Der Nachfolger des ersten Fendt-Geräteträgers rollte 1958 als F 220 GT aus der Werkshalle in Marktoberdorf. Als Antrieb diente diesmal ein Zweizylinder-Motor. Angesichts der Leistung von 19 PS war der Hauptkritikpunkt verschwunden. Eine sichtbare Verbesserung brachte außerdem die abgeschrägte Motorhaube mit sich, da nun ein ungehinderter Blick auf die vorderen Anbaugeräte möglich war. Der F 220 GT befand sich vier Jahre lang im Bau. In dieser Zeit wurden über 7.000 Exemplare verkauft. Das Geräteträgerkonzept von Fendt war aufgegangen.

1961 brachte Fendt den F 225 GT auf den Markt. Der Zweizylinder-MWM-Motor brachte es auf eine Leistung von 25 PS. Nicht nur die PS-Zahlen wuchsen, auch die Anzahl der verkauften Exemplare stieg an. Über 8.100 Stück des F 225 GT wurden produziert. Beim 32 PS starken F 231 GT, der sich

in der ersten Version von 1967 bis 1978 im Bau befand, lag die Verkaufszahl bei 14.191 Exemplaren.

Ein weiterer Sprung in der Evolution des Geräteträgers fand 1970 mit dem Stapellauf des F 250 GT statt. Der Motor, der mit seinen drei Zylindern immerhin 45 PS leistete, befand sich nicht mehr unter einer kleinen Motorhaube vor dem Fahrer, sondern unter-

Einige Exemplare des F 12 GT wurden bereits mit einer abgeschrägten Motorhaube versehen.

Der 32 PS starke F 231 GT war der am längsten gebaute Geräteträger von Fendt.

ZUNEHMENDE SPEZIALISIERUNG DER TRAKTOREN

Die geschlossene Kabine dieses F 275 GT ermöglicht das Arbeiten bei schlechtem Wetter.

halb des Fahrerstandes. Damit war er völlig aus dem Blickfeld des Fahrers verschwunden. Dieser hatte nun eine freie Sicht auf den Front- und Zwischenachsbereich. Sowohl Allradantrieb als auch feste Kabinen hielten Einzug in die Geräteträgertechnik. Der Unterflurmotor leistete, vom Platzproblem befreit, immer mehr. Das Sechszylinder-Aggregat des 395 GTA brachte es auf eine Höchstleistung von 115 PS. Aber in den 90er-Jahren war die Zeit der Geräteträger schon vorbei. Die Verkaufszahlen lagen weit unterhalb dem Niveau der 60er- und 70er-Jahre. Der Hauptkonkurrent des Geräteträgers war der Standardtraktor geworden, der nun so viel Kraft besaß, dass er mit Gerätekombinationen arbeiten konnte. Ein weiterer Grund waren die strenger werdenden Abgasbestimmungen. Eine nötige Weiterentwicklung des Unterflurmotors in dieser Hinsicht wäre angesichts der niedrigen Verkaufszahlen nicht mehr rentabel gewesen, weswegen 2004 die Produktion der Geräteträger in Marktoberdorf endgültig ein Ende fand.

Die Fendt Geräteträger-Modelle

Modell	Bauzeit	Leistung
F 12 GT	1957–1958	12 PS
F 220 GT	1958–1964	19 PS
F 225 GT	1961–1965	25 PS
F 230 GT	1964–1967	30 PS
F 231 GT	1967–1991	32 PS, ab 1978: 35 PS
F 231 GTW	1991–1993	35
F 250 GT	1970–1977	45 PS
F 255 GT	1976–1984	55 PS
F 255 GTF	1978–1984	50 PS
F 275 GT	1976–1984	70 PS, ab 1977: 75 PS
F 275 GTF	1978–1984	70
F 345 GT	1984–1996	45
F 345 GTM	1985–1992	45
F 360 GT / GTF / GTH	1984–1996	60
F 380 (alle Versionen)	1984–2003	80
365 GTA	1985–1996	65
390 GTA	1990–1995	100
350 GT	1996–1998	50
395 GTA	1989–2000	115
370 GT / GTA	1996–2004	70

Kraft auf vier Rädern:
Der Allradantrieb setzt sich durch

Traktoren werden zum großen Teil für Zugtätigkeiten, oftmals in schwierigem Gelände, eingesetzt. Falls der Antrieb über alle vier Räder erfolgen kann, verbessert dies nicht nur die Traktion, sondern erhöht Sicherheit, vor allem auf abschüssigem Gelände. Trotz dieser Vorteile verfügten Traktoren lange Zeit fast ausschließlich über einen Hinterradantrieb, obwohl von Seiten verschiedener Traktorenhersteller immer wieder Versuche unternommen wurden, dem Allradantrieb zum Durchbruch zu verhelfen. Die ersten Experimente wurden in dieser Hinsicht jedoch schon unternommen, bevor es überhaupt Traktoren gab. 1825 bekamen die beiden englischen Erfinder Timothy Burstall und John Hill ein Patent auf ein dampfgetriebenes Fahrzeug, das über die Hinterräder

angetrieben wurde und einen zuschaltbaren Vorderradantrieb besaß. Das Gefährt sah wie ein Reisekutsche aus. Der Fahrer nahm vorne die Position des Kutschers ein, während sich die Dampfmaschine am Heck befand. Der Antrieb der Vorderräder erfolgte über eine Kardanwelle. Das Gefährt war jedoch nur so schnell wie ein Fußgänger.

Das dampfgetriebene Gefährt von Burstall und Hill besaß bereits einen Allradantrieb.

Beim Lohner-Porsche Elektromobil wurde jedes Rad von einem Elektromotor angetrieben.

ZUNEHMENDE SPEZIALISIERUNG DER TRAKTOREN

Der HP-Bulldog von Lanz zeichnete sich durch seinen Allradantrieb, die großen Vorderräder und die Knicklenkung aus.

Dampfgetriebene Fahrzeuge setzten sich auf den Straßen jedoch nicht durch. Anders sah es mit den Automobilen aus, die Motoren als Antrieb besaßen. Hier taucht ein Name auf, der auch im Traktorenbau eine Rolle spielen sollte, nämlich Ferdinand Porsche. Der junge Erfinder aus dem Sudetenland, der für die Hofkutschenfabrik Jakob Lohner in Floridsdorf bei Wien arbeitete, entwickelte ein Fahrzeug, das von vier elektrischen Radnabenmotoren angetrieben wurde. Das sogenannte „Lohner-Porsche Elektromobil" erregte auf der Pariser Weltausstellung 1900 großes Aufsehen. Die Zeit für den Elektroantrieb war jedoch noch nicht gekommen. Der Umstand, dass die Batterien schnell leer wurden und das Aufladen zu lange dauerte, verschaffte dem Verbrennungsmotor einen erheblichen Wettbewerbsvorteil. Schon drei Jahre nach der Vorstellung des Elektroautos bauten die Brüder Spijker und deren Konstrukteure den von einem Sechszylinder-Motor angetriebenen Rennwagen „Spyker Grand Prix Racer", der mit einem Vierradantrieb ausgestattet war.

Doch zurück zur Landwirtschaft. Die von Deutz 1907 vorgestellte Pfluglokomotive war zwar noch kein richtiger Traktor, aber die Vorteile des Allradantriebs hatten die Konstrukteure bei diesem Gefährt schon erkannt. Die Maschine besaß vier gleichgroße Eisenräder, die alle angetrieben wurden und mit denen auch gelenkt werden konnte. Die Pfluglokomotive kam jedoch nie in die Serienfertigung.

Die ersten Allradschlepper

Zu den wichtigsten Pionieren der Traktortechnik der Vorkriegszeit gehörte Lanz. Die Mannheimer brachten nicht nur den ersten in Deutschland serienmäßig produzierten Rohölschlepper auf den Markt, sondern sie wagten sich auch schon bald an die Allradtechnik. 1923 begann der Bau des Acker-Bulldogs mit der Bezeichnung HP. Der Allrad-Bulldog fiel bereits auf den ersten Blick auf, denn er besaß Vorderräder, die größer waren als die Hinterräder. Da sich die großen Räder nicht wie bei den herkömmlichen Traktoren einschlagen konnten, erfolgte die Steuerung über ein Gelenk, das den vorderen und hinteren Teil des Gefährts miteinander verband. Der Vierradantrieb und die besondere Bauweise verliehen dem HP eine außergewöhnliche Geländegängigkeit. Das Gewicht des Bulldogs war so verteilt, dass bei einem Feldeinsatz der Bodendruck beider Achsen ungefähr gleich war. Die Wendigkeit ließ den Knicklenker nicht nur im Ackerbau, sondern auch in den Weinbergen ein Einsatzfeld finden. Außerdem standen spezielle Räder für Arbeiten in Moorgebieten zur Verfügung. Allerdings gehörte die noch nicht ganz ausgereifte Allradtechnik zu den Nachteilen des HP-Bulldogs, die dazu führten, dass Lanz die Produktion des Modells schon 1926 wieder einstellte. Immerhin hat-

DIE ERSTEN ALLRADSCHLEPPER

ten 723 Exemplare einen Käufer gefunden. Für Lanz war diese Zahl jedoch nicht hoch genug, um sich noch einmal auf ein Wagnis mit dem Vierradantrieb einzulassen. Der HP blieb der einzige Bulldog der Mannheimer mit Allradantrieb.

Auf der anderen Seite des Atlantiks machte der Allradantrieb ebenfalls nur zögerliche Fortschritte. Zu den wenigen Herstellern, die sich in der Neuen Welt auf den Bau von vierradgetriebenen Traktoren einließen, gehörte Massey-Harris. Das eigentlich in Kanada beheimatete Unternehmen, hatte 1928 die J. I. Case Plow Works in Racine, im amerikanischen Bundesstaat Wisconsin, übernommen. Der Kauf beinhaltete ein Traktorenprogramm, das sich auf dem amerikanischen Markt bewährt hatte. Zwei Jahre nach der Übernahme führte Massey-Harris ein Modell mit der Bezeichnung „General Purpose" („Allzweck") ein. Mit dem Namen sollte auf die vielseitige Einsetzbarkeit hingewiesen werden. Was den General Purpose aber besonders auszeichnete, waren die vier gleichgroßen Räder und der Allradantrieb. Zwar hatten seit 1910 auch kleinere Hersteller versucht, dieses Antriebskonzept einzuführen, waren aber immer wieder gescheitert. Die Flexibilität des General Purpose wurde durch die verstellbaren Räder und die hohe Bodenfreiheit, die ihn für Einsätze auf Reihenfruchtfeldern tauglich machte, erhöht. Für Arbeiten in Plantagen gab es eine spezielle Verkleidung für die Räder, um Beschädigungen den Pflanzen und der Maschine zu vermeiden. Die Leistung des Schleppers wurde mit 15 PS an der Zugstange und 22 PS an der Riemenscheibe angegeben. Doch trotz

Die Vorderräder des General Purpose von Massey-Harris besaßen die gleiche Größe wie die Hinterräder.

ZUNEHMENDE SPEZIALISIERUNG DER TRAKTOREN

Die Traktoren von MAN wurden durch ihre Allradtechnik berühmt. Bei diesem Modell handelt es sich allerdings um einen AS 325 H mit für MAN-Schlepper eher seltenem Hinterradantrieb.

seiner Vielseitigkeit blieb die Nachfrage nach dem General Purpose zurückhaltend. Ungefähr 3.000 Exemplare stellte das Werk in Racine bis 1936 her. Danach zog sich auch Massey-Harris aus der Fertigung von Allradtraktoren zurück.

MAN und der Allradantrieb

In Deutschland sollte es noch bis zum Ende des Zweiten Weltkriegs dauern, bis sich wieder ein Traktorhersteller an die Serienfertigung eines Allradschleppers wagte. Die Maschinenfabrik Augsburg-Nürnberg (MAN) hatte schon vor dem Krieg Erfahrungen im Lastwagen- und Traktorenbau sammeln können. Schon 1947, als die Wirtschaft noch

unter den Kriegsschäden litt und noch kein Traktorboom eingesetzt hatte, begann im Nürnberger Werk die Produktion des AS 325, der neben einer Ausführung mit Hinterradauch mit einem zuschaltbaren Allradantrieb angeboten wurde. Als Antrieb diente ein Vierzylinder-Dieselmotor mit 25 PS Leistung. Zielgruppe für den Schlepper war die westdeutsche Landwirtschaft, wobei wohl eher die mittleren und großen Betriebe in Frage kamen. Für Arbeiten in Moorgebieten war eine spezielle Doppelbereifung für die Räder beider Achsen verfügbar.

Die Verkaufszahlen für den AS 325 blieben angesichts der schwierigen wirtschaftlichen Bedingungen gering. Von beiden

SAME UND DER ALLRADANTRIEB

Ausführungen wurden bis 1950 ungefähr 470 Exemplare produziert. Aber MAN ließ sich deswegen von dem eingeschlagenen Weg nicht abbringen. 1950 folgte der AS 330 A, der über 30 PS Motorleistung verfügte. Das Modell befand sich bis 1952 im Nürnberger Werk in Produktion. Von der wachsenden Kaufkraft der Landwirte beflügelt, fanden über 3.400 Stück des Schleppers mit Vierradantrieb einen Abnehmer.

Die MAN-Traktoren erwarben sich den Ruf von Zuverlässigkeit und Leistungsstärke. Fast alle Modelle wurden in Versionen mit Allrad- und Hinterradantrieb angeboten. Die Pionierleistung von MAN bei der Einführung des Vierradantriebs kann gar nicht überschätzt werden. Allerdings blieben die Verkaufszahlen für beide Antriebsversionen im Großen und Ganzen hinter den Erwartungen zurück. 1963 entschloss deshalb die Geschäftsleitung, aus der Traktorfertigung auszusteigen und sich lieber auf die lukrativeren Sparten zu konzentrieren. Ungefähr 40.000 MAN-Schlepper waren hergestellt worden, davon ein beträchtlicher Teil mit Allradantrieb.

Same und der Allradantrieb

MAN war zweifellos der bedeutendste Allrad-Pionier in Deutschland. Aber auch südlich der Alpen tat sich etwas in dieser Hinsicht. In der kleinen, östlich von Mailand gelegenen Stadt Treviglio hatten die Brüder Francesco und Eugenio Cassani 1942 das Unternehmen „Società Accomandita Motori Endotermici" („Verbrennungsmotoren-Kommanditgesellschaft"), abgekürzt „Same", gegründet. Das Ziel war die Motorenfertigung. 1947 stiegen sie in die Traktorenproduktion ein, nachdem sie vorher mit dem Siegermodell eines Traktorwettbewerbs von 1927 nur als Lizenzgeber aufgetreten waren. Das erste Modell war ein kleiner Bauernschlepper. Aber Francesco Cassani, der nach dem frühen Tod seines Bruders das Unternehmen alleine leitete, hatte weitergehende Visionen. Er war ein überzeugter Anhänger des Allradantriebs. Anfang der fünfziger Jahre setzte er alle Energie und finanziellen Ressourcen ein, um seinen Traum zu verwirklichen. Im Dezember 1953 lud Cassani die Same-Vertragshändler zu einer Präsentation ein. Was er den Händlern zeigte, sollte

Durch seine großen Vorderräder zeichnet sich dieser eindrucksvolle MAN-Schlepper aus.

89

ZUNEHMENDE SPEZIALISIERUNG DER TRAKTOREN

Der Allradantrieb des Same D. A. 25 sorgte für eine gute Kraftübertragung und Sicherheit bei der Arbeit an steilen Hängen.

ein Meilenstein in der Mechanisierung der Landwirtschaft sein. Es handelte sich um den „D. A. 25 Dt". Zwei Novitäten zeichneten das neue Traktormodell aus. Die eine Neuerung war die Luftkühlung des Motors, bei der Same die Vorreiterrolle in Italien übernehmen sollte, die andere Überraschung stellte der Allradantrieb dar. Auch in dieser Hinsicht zeigte Same eine Entschlossenheit, die sich sogar in dem Firmenlogo, einen vieräugigen Tiger, äußerte.

Der 25 PS leistende und 24 km/h schnelle D. A. 25 befand sich von 1954 bis 1959 in Produktion. In diesem Zeitraum wurden über 700 Stück hergestellt. 30 Jahre später befanden sich noch über 400 Exemplare des Modells im landwirtschaftlichen Einsatz.

Die großen Knicklenker

Auf dem nordamerikanischen Kontinent hatte, wie gesehen, die Mechanisierung der Landwirtschaft bedeutend früher stattgefunden als in Europa, und obwohl auf den amerikanischen und kanadischen Farmen die Traktoren immer eine Klasse größer als auf den europäischen Höfen waren, setzte sich der Allradantrieb auch dort nur zögerlich durch. Nach dem Zweiten Weltkrieg tauchten aber dann auf den nordamerikanischen Feldern die großen Ackergiganten auf. Die Wagner-Brüder aus Portland, im amerikanischen Bundesstaat Oregon, spielten dabei eine Pionierrolle. Sie begannen bereits 1954 mit dem Bau großer allradgetriebener Knicklenker. Aber diejenigen, die dem Allradantrieb wirklich zum Durchbruch verhalfen, waren zwei andere Unternehmen: Steiger in den USA und Versatile in Kanada.

John Steiger und seine beiden Söhne Douglas und Maurice waren Farmer im Bundesstaat Minnesota. Mit den Schleppern, die von den Traktorherstellern angeboten wurden, waren die Steigers in Hinsicht auf die Leistungsstärke jedoch nicht zufrieden. Um Abhilfe zu schaffen, machten sie sich im Winter 1957 daran, in ihrer Scheune einen eigenen Traktor zu konstruieren. Als Antrieb verwendeten sie einen 238 PS leistenden Sechszylinder-Dieselmotor. Was aber das Gefährt abgesehen von der Leis-

DIE GROSSEN KNICKLENKER

tung beachtenswert machte, waren der Allradantrieb, die vier gleichgroßen Räder und die Knicklenkung.

Der annähernd sieben Tonnen schwere „Steiger Nr. 1" erfüllte die Erwartungen, die in ihn gesteckt wurden und erregte das Interesse der anderen Farmer der Umgebung. Die Steigers begannen deshalb, in ihrer Scheune auch für andere Farmer Traktoren zu bauen. Dieses Modell, das die Bezeichnung „Steiger 1200" bekam, war kleiner und leistete nur 118 PS, besaß aber ebenfalls einen Allradantrieb. Nur drei „Steiger 1200" wurden hergestellt. 1963 erweiterten die Steigers ihre Traktorenproduktion um mehrere Modelle und stellten bis zu 20 Mitarbeiter ein. Die auf der Steiger-Farm gebauten Modelle wurden später als die Scheunen-Serie bezeichnet. Einige der Allradschlepper fanden sogar Käufer in Kanada. Insgesamt blieben die Produktionszahlen jedoch gering. Die Anzahl der zur Scheunen-Serie zählenden Exemplare wird auf ungefähr 125 geschätzt.

Die Produktion von Kleinserien nahm ein Ende, als ein Investor den Steigers vorschlug, ein größeres Werk aufzubauen. 1969 wurde die Produktion nach Fargo, in North Dakota, verlagert, wo der Betrieb mit 26 Mitarbeitern aufgenommen wurde. 1974 errichtete „Steiger Tractor Inc.", wie die Firma nun hieß, ein neues Werk, in dem alle 18 Minuten ein Steiger-Traktor gebaut werden konnte. Über 1.100 Personen arbeiteten in den siebziger Jahren für Steiger.

Doch die unternehmerische Glückssträhne hielt nicht an. Die Farm-Krise der achtziger Jahre und der damit einhergehende Nachfrageeinbruch zwang mehrere Traktorhersteller, darunter auch Steiger, in die Knie. 1986 ging das Unternehmen in den Besitz von Case IH über. Das Werk in Fargo ist seitdem für die Produktion der großen roten Schlepper zuständig.

In Toronto gründeten Peter Pakosh und Roy Robinson 1947 die „Hydraulic Engineering Company" mit dem Ziel der Herstellung von Landmaschinen. 1963 ging das schnell expandierende Unternehmen an die Börse und änderte den Firmennamen in Versatile. Die Nachfrage nach großen Allradtraktoren unter den kanadischen Farmern blieb bei

Das erste Steiger-Modell steht neben einem modernen Case IH STX530, der in dem ehemaligen Steigerwerk in Fargo gebaut wurde.

ZUNEHMENDE SPEZIALISIERUNG DER TRAKTOREN

Beim Bearbeiten des Prärriebodens zeigt dieser Varsatile 150 seine Stärke.

Er ist klein, verfügt aber trotzdem über Allradantrieb: der Holder Cultitrac A 12.

Versatile nicht unerkannt. In Winnipeg, der Hauptstadt der kanadischen Provinz Manitoba, begann man deshalb 1966 mit der Serienproduktion des D-100, eines mit Knicklenkung ausgestatteten allradgetriebenen Schleppers, dessen Sechszylinder-Dieselmotor von Ford ungefähr 100 PS Leistung an der Zugstange erbrachte. Eine andere Ausführung des gleichen Modells war der G-100, der von einem Achtzylinder-Benzinmotor von Chrysler angetrieben wurde. Die Anzahl der hergestellten Exemplare des ersten Versatile-Modells war nicht besonders hoch. Von der Ausführung mit Dieselmotor wurden lediglich 75 Stück ausgeliefert. Aber Versatile war in eine Marktlücke vorgestoßen. Der positive Ruf der Allradtraktoren verbreitete sich schnell, und die nächsten drei Modelle mit einer Leistung von 118 bis 145 PS an der Zugstange kamen schon 1967 auf den Markt. Mit jeder neuen Modellgeneration stieg die Motorleistung. Der ab 1977 hergestellte Versatile 950 verfügte bereits über eine Kraft von 350 PS. Auf eine Höchstleistung von 600 PS brachte es der 1977 gebaute, von acht Rädern angetriebene Versatile 1080 „Big Roy", der jedoch eine Einzelanfertigung blieb. Versatile entwickelte sich schnell zu einem der wichtigsten Anbieter von Allradtraktoren. In den achtziger Jahren ging die Nachfrage nach den Großschleppern jedoch so stark zurück, dass 1986 der Betrieb eingestellt werden musste. Versatile wurde daraufhin von Ford New Holland übernommen und nahm die Produktion 1988 wieder auf. Das Werk in Winnipeg war auch weiterhin für die Produktion der Großtraktoren zuständig, nachdem Ford New Holland von Fiat übernommen worden war. Als es zur Fusion von New Holland mit Case IH kam, musste das Werk jedoch als Auflage der Wettbewerbshüter verkauft werden. 2000 wurde es von Bühler Industries übernommen. Der Markenname Versatile blieb erhalten. 2007 konnte die Fertigung des 50.000sten Allradschleppers gefeiert werden. Um die gleiche Zeit wurde bekanntgegeben, dass der russische Mähdrescherhersteller Rostelmash einen Anteil von 80 Prozent an Bühler erworben hatte.

Die kleinen Knicklenker

Allradantrieb und Knicklenkung können ihre Vorteile nicht nur bei den großen, sondern auch bei den ganz kleinen Traktoren unter Beweis stellen. Die Knicklenkung ermöglicht die Verwendung großer Räder an den Vorderachsen und dadurch eine „Kopflastigkeit", die eine erhöhte Sicherheit bei Bergfahrten bietet. Außerdem kann der Wendekreis minimal gehalten werden, was unter den beengten Verhältnissen in Weinbergen und Plantagen von besonderem Vorteil ist.

Zu den Pionieren der Allrad- und Knicklenktechnik bei den Kleintraktoren gehörte die in der württembergischen Kleinstadt Metzingen ansässige Holder Maschinenfabrik. 1930 machte das Unternehmen bereits durch die Präsentation des ersten flexibel einsetzbaren Einachstraktors auf sich aufmerksam. Der erste Vierradschlepper, der für Arbeiten in Weinbergen und Sonderkulturen konzipiert war, verließ 1953 das Holder-Werk. Aber noch bedeutsamer war der Cultitrac A 10, der sich durch einen permanenten Allradantrieb, vier gleich große Räder und eine Knicklenkung auszeichnete. Der 10 PS starke Kleintraktor war vor allem für den Weinbau entwickelt worden. Es stellte sich aber bald heraus, dass er auch in der normalen Landwirtschaft auf schwierigen Flächen seine Stärken zeigen konnte. Schon bald folgten weitere Modelle mit einer höheren Motorleistung, darunter 1960 der Cultitrac A 20 mit 20 PS. Traktoren mit Allradantrieb und Knicklenkung gehören bis heute zum Produktprogramm von Holder.

Auch andere Hersteller von Schmalspur- und Weinbergtraktoren wussten schon früh die Vorzüge des Allradantriebs und der Knicklenkung zu schätzen. Einer der bedeutendsten italienischen Hersteller ist die in Campodarsego ansässige Firma Antonio Carraro. Mit dem Tigre führte das Unternehmen 1963 sein erstes Modell mit Vierradantrieb und Knicklenkung ein. Zwei Jahre später folgten der stärkere Tigre Bengala und 1969 der Tigre 635, der 35 PS leistete und der mit dazu beitrug, die Firma über die Grenzen Italiens hinaus bekannt zu machen.

Andere wichtige italienische Hersteller von Kleintraktoren mit Allradantrieb und Knicklenkung sind Valpadana, das zur Argo-Gruppe gehört, und die Firma BCS, zu der auch die Marken Pasquali und Ferrari gehören.

Der Siegeszug des Allradantriebs

Wie zögerlich sich der Allradantrieb bei den großen Anbietern durchsetzte, lässt sich am Beispiel Fendt zeigen. Der Allgäuer Traktorbauer brachte 1949 mit dem F 25 A seinen ersten Schlepper mit Vierradantrieb auf den Markt. Die Verkaufszahlen blieben jedoch so gering, dass man nur die Hinterradversion des Modells weiter produzierte. Der im gleichen Jahr hergestellte 33 PS starke F 35 A blieb nur ein Prototyp. Für die nächste Zeit vermieden es die Marktoberdorfer erst einmal, sich die Finger mit dieser Technik zu verbrennen.

Der „Bengalische Tiger", oder „Tigre Bengala", gehört zu den berühmten allradgetriebenen Knicklenkern aus dem Hause Antonio Carraro.

ZUNEHMENDE SPEZIALISIERUNG DER TRAKTOREN

Die 8030-Modelle von John Deere sind alle mit Allradantrieb ausgestattet.

Fendt ist heute für die großen, allradgetriebenen Schlepper bekannt.

1958 teilte Fendt das Traktorenprogramm in die sogenannten ff-Reihen ein: die kleinen Fix-Modelle, die mittelgroßen Farmer-Schlepper und die Favorit-Oberklasse. 1964 kam mit dem Favorit 3 wieder ein Traktor mit optionalem Allradantrieb aus dem Hause Fendt auf den Markt. Die Hinterradversion des 55 PS starken Traktors verkaufte sich jedoch bedeutend besser. Ein Fehlschlag war die Allradausführung trotzdem nicht. Immerhin 770 Exemplare fanden einen Abnehmer. 1966 folgte der Favorit 4 S, der ebenfalls in beiden Ausführungen angeboten wurde. Nun änderte sich das Verhältnis. Von der Allradversion wurden 531 Stück verkauft, von der Variante mit Hinterradantrieb waren es nur 164. Die Zahlen änderten sich in der folgenden Zeit immer mehr zu Gunsten des Vierradantriebs, bis schließlich die Modelle der Oberklasse nur noch in dieser Ausführung angeboten wurden.

Der heute größte Traktorhersteller, John Deere, ließ sich noch mehr Zeit mit der Einführung des Allradantriebs. 1959 kam ein in Waterloo gebauter Knicklenker auf den Markt, der 215 PS starke John Deere 8010. Der Gigant hatte aber Getriebeprobleme, weswegen man schon im folgenden Jahr eine überarbeitete Version mit der Typenbezeichnung 8020 vom Stapel laufen ließ. Das Interesse unter den Farmern blieb jedoch so gering, dass man das Engagement bei dieser Traktorenklasse wieder aufgab. Erst ab 1965 bot John Deere Standardtraktoren der oberen Leistungsklasse, die aus den Werken in Mannheim und Waterloo kamen, wahlweise mit Allradantrieb an. Auch bei John Deere änderten sich die Verkaufszahlen immer mehr zu Gunsten des Allradantriebs. Seit dem Start der in Mannheim hergestellten erfolgreichen 6010-Reihe werden die Mittelklasse-Schlepper mit dem springenden Hirsch im Logo für den europäischen Markt nur noch mit Vierradantrieb angeboten.

Ähnlich verlief die Einführung des Allradantriebs bei anderen Herstellern. Heute sind ungefähr 80 Prozent der in Deutschland neu zugelassenen Traktoren mit dieser Antriebsart ausgestattet.

Experimente und Sonderentwicklungen:
Vom Dreirad- zum Achtradtraktor

Traktoren sind gewöhnlich Fahrzeuge mit vier Rädern, die zumeist als Zugmaschinen und zum Arbeiten mit landwirtschaftlichen Geräten und Maschinen eingesetzt werden. In Europa weniger bekannt, aber in Nordamerika weit verbreitet, waren die sogenannten Reihenfruchttraktoren, die in der Anfangszeit vorne ein einzelnes Rad oder ein Doppelrad hatten. Auch Raupentraktoren waren schon früh zu finden und sind heute bei den Modellen für Sonderkulturen und in der obersten Leistungsklasse gar nicht mehr selten.

Aber darüber hinaus wurden immer wieder Versuche unternommen, einen neuen Ansatz im Traktorbau zu finden. Das Ergebnis waren Modelle, die manchmal nur in wenigen Exemplaren gebaut wurden, in einigen Fällen aber durchaus erfolgreich waren. Wie die letzten Jahre zeigen, bringen es die Traktorhersteller immer wieder fertig, das interessierte Publikum auf Landtechnikmessen mit beeindruckenden Sonderentwicklungen zu überraschen.

Same 3 R 10

Bevor die Cassani-Brüder, die Gründer des im italienischen Treviglio ansässigen Unternehmens Same, sich ihrem Ziel, dem Bau von leistungsstarken Schleppern mit Allradantrieb widmen konnten, wollten sie erst der Nachfrage nach weniger anspruchsvollen Traktoren entgegenkommen. Wie in den meisten anderen europäischen Ländern war auch in Italien die Zeit nach dem Zweiten Weltkrieg die Periode der raschen Mechanisierung der Landwirtschaft. Sowohl die finanziellen Mittel der kleinen Landwirte als auch deren Ansprüche an die Leistung und Ausrüstung der Traktoren waren sehr begrenzt. Die Cassani-Brüder konstruierten deshalb einen Traktor, der speziell für die

So mancher Traktor entspricht überhaupt nicht dem Bild, das man normalerweise von einem Schlepper hat, so wie dieser mit einem Geräterahmen versehene Scarabeo von Antonio Carraro.

ZUNEHMENDE SPEZIALISIERUNG DER TRAKTOREN

Der Huckepack sah ohne Aufbauten wie ein Geräteträger aus.

Auf Luxus musste der Fahrer des Same 3 R 10 verzichten.

kleinen Landwirte gedacht war. Der kleine Bauernschlepper, den Same 1948 auf den Markt brachte, hieß „3 R 10". Das „3 R" stand für die drei Räder, mit denen das Gefährt ausgestattet war. An einer Achse befanden sich zwei große Räder, und ein kleines Rad am anderen Ende der Maschine diente zum Steuern. Die Konstruktion war unter rein praktischen Gesichtspunkten erfolgt. Alles Überflüssige war weggelassen worden. Stattdessen sollte der Schlepper mit allen wichtigen Geräten, die der Kleinbauer in seinem Betrieb benötigte, arbeiten können. Als Antrieb des elf km/h schnellen Fahrzeugs diente ein luftgekühlter, zehn PS starker Einzylinder-Motor. Was den 3 R 10 besonders flexibel machte, war der Umstand, dass man mit ihm in beide Fahrtrichtungen arbeiten konnte. Bei Zugarbeiten befand sich gewöhnlich das kleine Rad in Fahrtrichtung, während bei Einsätzen mit einem Anbaugerät dagegen mit den beiden großen Rädern voraus gefahren werden konnte.

Der Same 3 R 10 war ein durchaus erfolgreicher Traktor, der zwar ungewöhnlich aussah, aber einen wichtigen Beitrag zur

Mechanisierung der italienischen Landwirtschaft leistete.

Claas und der Huckepack

Nach dem Zweiten Weltkrieg fanden Mähdrescher eine rasante Verbreitung, zuerst als gezogene Ausführung und später als Selbstfahrer. Aber die Maschinen waren teuer und standen die meiste Zeit des Jahres in den Scheunen, da sie nur zur Erntezeit eingesetzt werden konnten. Die Konstrukteure von Claas, des größten deutschen und bald auch wichtigsten europäischen Mähdrescherherstellers, kamen auf die Idee, einen Traktor zu entwickeln, der mit Mähdrescheraufbauten versehen werden konnte. Im Sommer würde diese Maschine zur Getreideernte eingesetzt werden können, und außerhalb der Erntezeit, würde sie als Geräteträger für eine Vielzahl landwirtschaftlicher Aufgaben zur Verfügung stehen.

Die Idee war an sich nicht ganz neu. 1924 hatte die Firma Gleaner in den USA Berühmtheit erlangt, weil sie Fordson-Traktoren mit Mähdrescheraufbauten versah und so die ersten Selbstfahrer schuf. Allerdings war ein unproblematischer Auf- und Abbau nicht möglich, weswegen diese Maschinen nur für die Ernte eingesetzt werden konnten. Anfang der fünfziger Jahre arbeitete Ferguson in England an der Konstruktion eines Traktors, denn man zum Mähdrescher umbauen hätte können. Nach dem Zusammenschluss mit Massey-Harris war jedoch nichts mehr davon zu hören.

Bei Claas zog man hingegen das Projekt durch. 1957 stellten die Harsewinkeler das Ergebnis vor, den „Huckepack". Für den Antrieb des Fahrwerks war ein zwölf PS starker Dieselmotor von Hatz zuständig. Das Dreschwerk wurde dagegen von einem separaten 25 PS leistenden VW-Benzinmotor angetrieben. Da sich der Hatz-Motor jedoch als zu schwach erwies, wurde er bald durch ei-

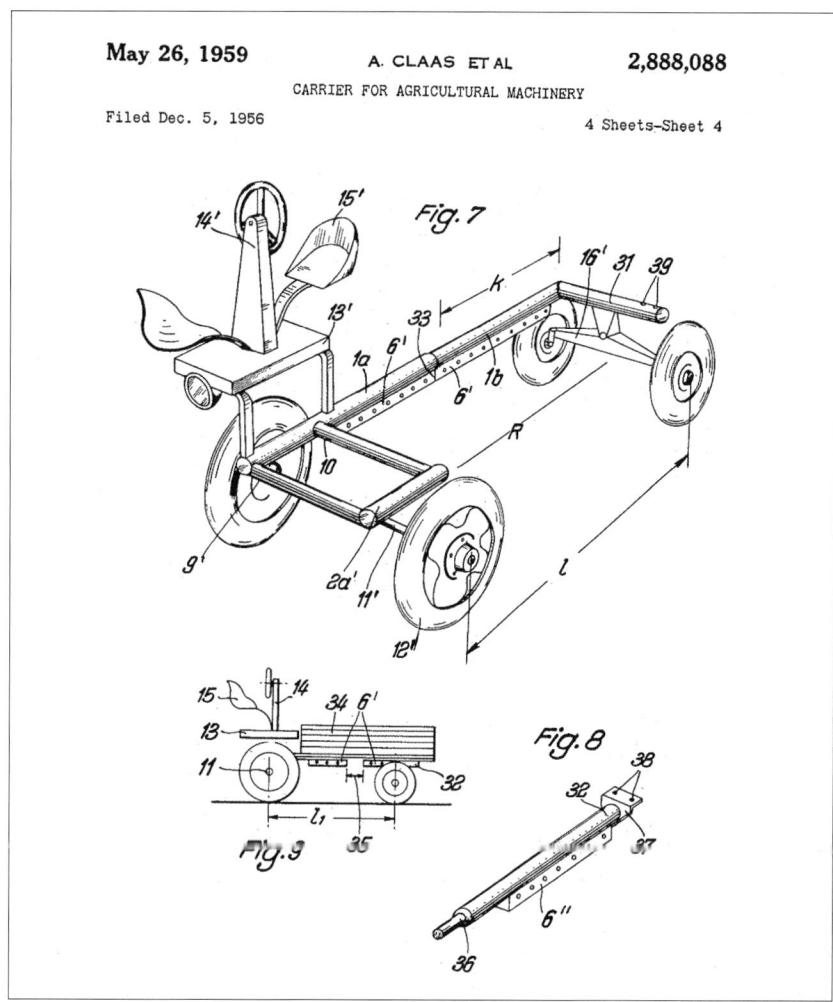

nen 15 PS starken Boxer-Motor von MWM ersetzt. Der Huckepack erregte durchaus Aufsehen, das Interesse der potentiellen Kundschaft blieb jedoch gering. Nur wenige Hundert Exemplare fanden einen Abnehmer, weswegen die Produktion 1960 bereits wieder eingestellt wurde. Es gab mehrere Gründe dafür. Dazu gehörten die wahrscheinlich zu schwache Motorisierung des Fahrwerks, der nicht so einfache Auf- und Abbau der Mähdrescherkomponenten sowie der Betrieb mit zwei unterschiedlichen Motoren.

Die Einachsschlepper

Standardtraktoren waren vor dem Einsetzen des Traktorbooms für die kleinen Landwirte,

Hierbei handelt es sich um eine Konstruktionszeichnung des Huckepack, die für die Patentanmeldung verwendet wurde.

ZUNEHMENDE SPEZIALISIERUNG DER TRAKTOREN

Die Fräse von Siemens ermöglichte die motorisierte Bodenbearbeitung auf kleinen Flächen.

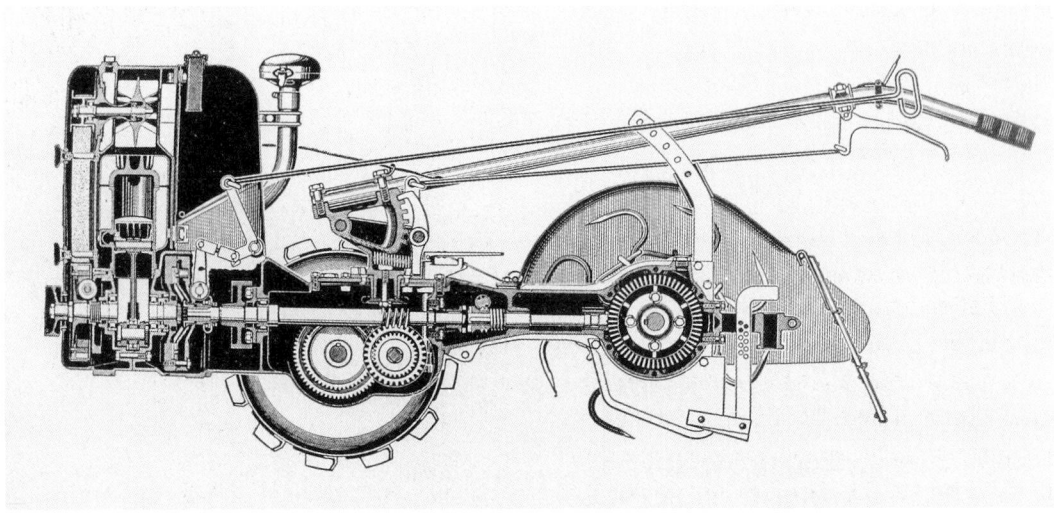

Zur leichten Bodenbearbeitung konnte der „Senior" von Adolf Busse eingesetzt werden.

die oft nur über einen Ochsen als Zugtier verfügten, jenseits der finanziellen Reichweite. Oft wäre wegen der kleinen Flächen ein rentabler Einsatz ohnehin nicht möglich gewesen. Trotzdem gab es die Möglichkeit, zumindest für manche Arbeiten den Ochsen im Stall zu lassen. Die Einachstraktoren, die vor allem in den dreißiger Jahren auf den Markt kamen, boten eine relativ preisgünstige Gelegenheit zur Motorisierung.

Eigentlich tauchten die ersten Einachsmaschinen schon in den zwanziger Jahren auf.

Die Siemens-Schuckert-Werke spielten dabei eine Vorreiterrolle. Sie bauten mehrere einachsige Motorfräsen für Tätigkeiten, bei denen zwischen Reihen gearbeitet und anschließend gepflanzt wurde. Es waren also vor allem der Gemüse- und Obstbau, aber auch die Landwirtschaft und der Weinbau, wo die Motorfräse, die mit einem fünf PS starken Motor ausgestattet war, zum Einsatz gelangte.

Noch einfacher gestaltet als die Siemens-Motorfräse war die Motorhacke vom Typ „Senior" der Firma Adolf Busse aus Wurzen in Sachsen. Diese Maschine besaß nur ein einziges Rad, das mit Sporengreifern versehen war. Zumindest ließ sich damit eine oberflächliche Bodenbearbeitung durchführen.

Ein breiteres Einsatzspektrum bot der Einachsschlepper, den Holder 1930 auf den Markt brachte. Das Modell war als Universalgerät angelegt und sollte in der Landwirtschaft, in Weinbergen, Obstplantagen und Gartenbaubetrieben Arbeiten verrichten können. Zu diesem Zweck wurden mehrere Geräte und Maschinen angeboten: Mäher, Pflüge, Eggen, Kartoffelroder und so weiter. Für manche Geräte gab es zur Befestigung einen speziellen Rahmen. Über eine Riemenscheibe konnten zudem stationäre Maschinen, wie eine Kreissäge und eine Dreschmaschine, angetrieben werden. Natürlich eignete sich der Schlepper auch zum Ziehen kleiner Anhänger. Der Motor des ersten Modells leistete sechs PS. In der folgenden Zeit nahm Holder weitere Einachsschlepper mit in das Programm auf. Dieser Traktortyp wurde von der Metzinger Firma bis in die fünfziger Jahre gebaut.

In Italien erlangte Antonio Carraro 1960 mit seinem „Scarabeo", bei dem es sich ebenfalls um einen Einachsschlepper handelte, Berühmtheit. Der Kleinstschlepper konnte mit einem Rahmen versehen werden und mit zahlreichen Geräten für den Wein-, Obst- und Gartenbau sowie für die Landwirtschaft arbeiten.

Einachsschlepper werde heute nach wie vor in der Landschaftspflege, im alpinen Raum und einigen anderen Bereichen eingesetzt.

Der Scarabeo war in Italien ein beliebter Einachsschlepper, der für viele Tätigkeiten eingesetzt werden konnte.

Valmet 1502 mit der Tandemachse

Die Nachricht von einem Schlepper mit mehr als zwei Achsen kam 1975 aus dem hohen Norden. In Finnland hatte der größte skandinavische Traktorhersteller, Valmet, mit dem Bau des Modells 1502 begonnen. Damit wurde nun endlich umgesetzt, was die Konstrukteure von Valmet schon länger geplant hatten, nämlich die Verwendung einer Tandemachse. Zu den Vorteilen der doppelten Achse am Heck sollten unter anderem eine geringere Bodenverdichtung, ein höherer Fahrkomfort und eine verbesserte Traktion gehören. Aber dies war nicht das einzige Innovative an dem 136 PS leistenden Schlepper. Auffallend war auch die Kabine, die sich nach oben hin erweiterte. Diese Konstruktion sollte an heißen Tagen für eine kühlere Temperatur im Cockpit sorgen, was

Nicht nur die drei Achsen, sondern auch die eigentümlich gestaltete Kabine und die nach vorne zulaufende Motorhaube verliehen dem Valmet 1502 ein futuristisches Erscheinungsbild.

ZUNEHMENDE SPEZIALISIERUNG DER TRAKTOREN

Eine hohe Wendigkeit und Standfestigkeit machen den Mounty ideal für den Einsatz an Hängen.

zu einer Zeit, in der eine Klimaanlage noch als Luxus galt, durchaus einen Vorteil darstellte. Die Kabine war auf dem Traktor an einer Stelle positioniert, an der die vertikalen Pendelbewegungen am geringsten waren. Dies ermöglichte ein besonders ruckfreies Fahrerlebnis. Der Geräuschpegel unter Volllast lag jedoch bei 84 dB(A).

Das 7,5 Tonnen schwere Fahrzeug wurde von einem Sechszylinder-Turbomotor angetrieben. Ein Getriebe mit 16 Vorwärts- und vier Rückwärtsgängen gehörte zur Grundausstattung. 1979 bekam der Valmet 1502 einen Allradantrieb. Zur Verbesserung der Traktion konnte nun auch die Vorderachse eingesetzt werden.

Der Valmet 1502 erregte in der Fachwelt Aufsehen, zum Kauf konnten sich jedoch nur wenige entschließen, weswegen Valmet den innovativen Traktor 1980 wieder aus dem Produktprogramm nahm.

Der Hanggeräteträger der Reform-Werke
Sonderentwicklungen können in manchen Nischen eine durchaus erfolgreiche Rolle spielen. Dies zeigen die Reform-Werke aus dem österreichischen Wels. Das Unternehmen hat sich seit einem halben Jahrhundert auf die Mechanisierung der Berglandwirtschaft spezialisiert. Eines der Produkte aus den Reform-Werken ist der „Mounty", der als Hanggeräteträger bezeichnet wird. Dieser Traktor zeichnet sich nicht nur durch den Allradantrieb, sondern auch durch eine Allradlenkung aus, das heißt, dass auch mit den Hinterrädern gelenkt werden kann. Dadurch besitzt der Mounty einen sehr kleinen Wendekreis. Der niedrige Schwerpunkt und das geringe Eigengewicht verleihen dem Traktor eine hohe Standfestigkeit.

In den Bergen wird der Mounty vor allem als Grünlandtraktor verwendet. Die neueste Version des Modells, der Mounty 100, wird von einem immerhin 95 PS starken Vierzylinder-Motor von Daimler angetrieben. Mehrere Maschinen und Geräte lassen sich mit dem Bergtraktor verwenden. Dazu gehören Frontmähwerke, ein Bandheuer, Kreiselschwader, Kreiselzetter, Düngerstreuer, Sämaschinen, Hackstriegel, Miststreuer, einachsige Kipper und so weiter. Sowohl das Front- als auch das Heckhubwerk kann zum Heben von Rundballen verwendet werden. Die Hubkraft am Heck liegt bei 2.000

Kilogramm. 1.300 Kilogramm schafft das Fronthubwerk.

Neben der Landwirtschaft findet der Mounty im kommunalen Bereich ein Einsatzfeld. Im Winterdienst lässt er sich mit dem Schneepflug und der Schneefräse ebenso einsetzen wie in den anderen Jahreszeiten zur Landschaftspflege und zur Reinigung von Wegen und Straßen.

Ein drittes Einsatzfeld des Mounty ist die Forstwirtschaft, wo ihm seine hohe Geländegängigkeit und seine Standfestigkeit zugute kommen.

Fendt Trisix

An der Bereitschaft zu Innovationen hat es bei Fendt nie gemangelt. Auf der Landtechnikmesse Agritechnica 1995 überraschte der Marktoberdorfer Traktorbauer die Öffentlichkeit mit dem neuartigen stufenlosen Vario-Getriebe. 2007 sorgte Fendt ebenfalls auf der Agritechnica für Aufsehen mit einem neuen Ackergiganten, dem dreiachsigen Trisix. Das 7,5 Meter lange und 19,3 Tonnen schwere Fahrzeug hatte einen 540 PS leistenden MAN-Motor unter der Haube.

Der Trisix sollte die Vorteile von Raupenfahrzeugen mit denen von großen Radtraktoren vereinen. Die drei Achsen würden die Leistung auf den Boden bedeutend besser übertragen können als nur zwei Achsen. Zugleich würden die sechs Räder den Druck bedeutend verringern und damit der Gefahr der Bodenverdichtung entgegenwirken. Gelenkt wurde beim Trisix mit den Vorder- und den Hinterrädern. Dies erhöhte die Wendigkeit, wodurch der Wendekreis nur bei 13,79 Metern lag. Trotz seiner Größe sollte das Fahrzeug eine Geschwindigkeit von 80 Stundenkilometern erreichen können.

Allerdings handelte es sich bei dem Großschlepper zunächst nur um eine Konzeptstudie. Die unmittelbare Aufnahme der Serienfertigung stand nicht bevor. Potentielle Abnehmer glaubte man ohnehin weniger unter den westeuropäischen Landwirten zu fin-

Die sechs Räder des Fendt Trisix erhöhen die Leistungsübertragung auf den Boden.

ZUNEHMENDE SPEZIALISIERUNG DER TRAKTOREN

den. Als Zielgruppe kamen eher Osteuropa und Russland in Frage, wo Betriebe mit einer Größe von bis zu 10.000 Hektar existieren. Interessenten müssten jedoch auch über eine gewisse Kaufkraft verfügen. Zwischen 350.000 und 400.000 Euro sollte der Dreiachstraktor kosten.

Deutz-Fahr AgroXXL
Im November 2009 präsentierte Deutz-Fahr auf der Agritechnica in Hannover den gemeinsam mit der Deutschen Traktoren Union entwickelten AgroXXL, mit dem die Lauinger in einen neuen Leistungsbereich vorstoßen wollen. Mit seinem Achtzylinder-V-Motor von Deutz und einem Hubraum von 15,9 Litern erzielt der Prototyp eine Leistung von 600 PS. Ein Kraftstofftank in der Größe von 1.200 Litern versorgt den Motor mit Diesel. Die Höchstgeschwindigkeit des Giganten liegt bei 40 Stundenkilometern. Da die maximale Breite nur bei 2,85 Metern liegt, besitzt der Schlepper der Extragröße zudem die volle Straßentauglichkeit. Was beim AgroXXL aber sofort ins Auge sticht sind seine zwei Achsenpaare, also insgesamt vier Achsen mit acht Rädern. Das hintere Achsenpaar kann elektrisch zugeschaltet werden, so dass ein Allradantrieb für die Traktion sorgt. Der Vorteil der acht Räder ist, dass abhängig von der Bereifung, die Reifenaufstandsflächen sogar größer sein können als bei Raupenschleppern. Angesichts eines Leergewichts von 19,5 Tonnen ist dies sicherlich ein bodenschonendes Konzept. Das zulässige Gesamtgewicht liegt bei 32 Tonnen. Durch die Knicklenkung mit einem Knickwinkel von bis zu 40 Grad betragen der innere Wenderadius nur 5,5 und der äußere 8,75 Meter. Das PowerShift-Getriebe verfügt über 18 Vorwärts- und sechs Rückwärtsgänge, wobei im Hauptarbeitsbereich von fünf bis 13 km/h zehn Gänge zur Verfügung stehen. Am Heck besitzt der AgroXXL einen Aufbauraum, der beispielsweise zum Mitnehmen von Saatgut- oder Düngertanks genutzt werden kann.

Falls der Großtraktor in Serienfertigung geht, wird sein Haupteinsatzgebiet wahrscheinlich in Osteuropa liegen.

Zu den wahren Ackergiganten zählt der AgroXXL von Deutz-Fahr. Die Knicklenkung verleiht dem Großschlepper eine hohe Wendigkeit.

Die zunehmende Spezialisierung: Schmalspur- und Kompaktschlepper

Varimot

„Je mehr Schweiß des Winzers den Boden tränkt, desto besser wird der Wein", hieß ein altes Sprichwort. Würde man dieser Aussage glauben, müsste man davon ausgehen, dass heutiger Wein ungenießbar ist, denn die Anzahl der Schweißtropfen, die auf den Boden der Weinberge, Hopfengärten und Obstplantagen fällt, hat sich beträchtlich verringert. Um bis zu 80 Prozent soll die Handarbeit durch die Technisierung, zu der die Traktoren erheblich beitrugen, abgenommen haben.

Die ersten Traktoren, die in Weinbergen zum Einsatz kamen, waren die Einachsschlepper, bei denen Holder, wie bereits im vorhergehenden Kapitel erwähnt, eine Pionierleistung erbrachte. 1948 begann der Winzer und Lohnunternehmer Adam Rodach aus der pfälzischen Stadt Edesheim an einem zweiachsigen Schmalspurfahrzeug zu arbeiten, das er bei der Patentanmeldung als Zuggerät bezeichnete und das den eingängigeren Namen „Varimot" erhielt. Im folgenden Jahr stellte er es auf der Südwestdeutschen Gartenbauausstellung (SÜWEGA) in Landau in der Pfalz der Öffentlichkeit vor. Angetrieben wurde das Fahrzeug von einem acht PS starken Dieselmotor. Da es zwei starre Achsen besaß, musste das Lenken durch das Abbremsen einer Seite erfolgen. Das „Motorgerät" stieß bei den Winzern auf großes Interesse. 1954 begann die Serienproduktion bei der Firma Hausner KG in der südhessischen Stadt Lampertheim. 1956 übernahm der Traktorhersteller Hermann Lanz in Aulendorf die Produktion und Weiterentwicklung des Varimot.

Lanz und die Spezial-Bulldogs

Die Marktlücke für Schmalspur- und andere Spezialtraktoren blieb auch größeren Unternehmen der Traktorbranche nicht verborgen. 1950 brachte die Heinrich Lanz AG in Mannheim eine Plantagen-Version des Standardschleppers D 5506 auf den Markt. Als Zielgruppe galten die Betreiber von Obstplantagen, Baumschulen und anderen Sonderkulturen. Der 16 PS starke Bulldog bekam seitliche Schutzbleche, die hervorstehende Äste und Zweige abweisen sollten. Außerdem wurde auf die üblichen Speichenräder verzichtet. Stattdessen kamen Scheibenräder an der hinteren Achse zur Verwendung. Gebogene Stangen schützten zudem die Vorderräder und die Motorhaube.

Im gleichen Jahr stellte Lanz mit dem D 7508 einen speziellen Weinbau-Bulldog vor. Das Modell basierte ebenfalls auf einem Standardtraktor, war aber – anders als der D 5506 – mit einer schmaleren Spurbreite versehen. Obwohl der D 7508 hauptsächlich

Der Varimot war zwar klein, bedeutete aber für die Winzer eine erhebliche Arbeitserleichterung.

ZUNEHMENDE SPEZIALISIERUNG DER TRAKTOREN

Diese Zeichnung von Adam Rodach zeigt den Varimot mit den vier gleichgroßen Rädern und den Kettenantrieb.

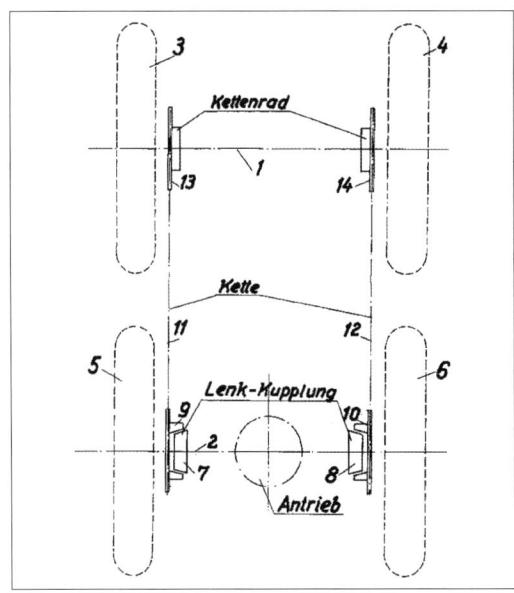

Der Lanz D 7508 gehörte zu den Schmalspurschleppern mit Glühkopfmotor. Dieses Bild zeigt ihn mit einer Ausrüstung zum Spritzen.

für den Weinbau konzipiert war, kamen auch der Hopfenbau und Obstplantagen als mögliche Einsatzgebiete in Frage. Für die verschiedenen Arbeiten gab es das passende Zubehör. Allerdings blieben die Verkaufszahlen weit hinter den Erwartungen des Mannheimer Traktorherstellers zurück. Vom D 7508 fanden ungefähr 30 Exemplare einen Käufer. Beim D 5506 kann ebenfalls davon ausgegangen werden, dass sich die Zielgruppe lieber nach anderen Produkten umsah, da über die abgesetzte Stückzahl nichts bekannt ist.

Lag das mangelnde Interesse auf Seiten der Weinberg- und Plantagenbesitzer am veralteten Glühkopfmotor? Bei den Standardtraktoren hatte die überholte Motortechnik Lanz den erheblichen Verlust von Marktanteilen eingebracht.

1953 kamen die Mannheimer gleich mit zwei neuen Weinberg-Bulldogs auf den Markt: dem D 2803 und dem D 2813. Beide waren mit den Halbdieselmotoren ausgestattet. Es handelte sich dabei um die berüchtigten liegenden Zweitakter, die bei beiden Modellen immerhin 28 PS leisteten. Die Breite der Weinberg-Bulldogs lag bei nur 120 Zentimetern. Als Absatzmarkt wurden die französischen Winzer ins Auge gefasst. Über den Erfolg ist jedoch nichts bekannt.

Der letzte Versuch der Mannheimer Bulldog-Bauer sich auf dem Schmalspurschleppermarkt zu etablieren, erfolgte 1956 mit dem D 2402. Das nur einen Meter breite Modell besaß diesmal einen 24 PS starken Volldiesel unter der Motorhaube. Allerdings handelte es sich dabei immer noch um einen liegenden Zweitakter. Der Schmalspur-Bulldog war immerhin so erfolgreich, dass er bis 1959 im Programm der Mannheimer blieb. Aber dann endete die Lanz-Geschichte sowieso, und der Nachfolger John Deere gab dieses Marktsegment vorerst auf.

Die Schmalspurschlepper bei Allgaier und Porsche

Die Uhinger Firma Allgaier hatte mit Schleppern für kleine und mittlere Betriebe einen hervorragenden Ruf erworben. Es war nur nahe liegend, die Traktoren auch noch in einer Schmalspurversion auf den Markt zu bringen. Den Anfang machte 1950 der A 22 S, der als Schmalspurausführung des 22 PS starken A 22 angeboten wurde. Die Spur-

DIE SCHMALSPURSCHLEPPER BEI ALLGAIER UND PORSCHE

weite lag bei nur 790 Millimetern. Eine Spezialverkleidung sollte das Fahrzeug vor Zweigen und Ästen schützen. Die Scheinwerfer waren in der Verkleidung integriert, so dass es zu keiner Beschädigung kommen konnte.

1951 folgten zwei Ausführungen des AP 17: In der Version AP 17 S, die vor allem für den Weinbau gedacht war, und als Plantagenschlepper AP 17. Bei beiden Varianten lag die kleinste Spurweite nur bei 790 Millimetern. Sie konnte jedoch auf 1.250 Millimeter vergrößert werden. Mit dem luftgekühlten Zweizylinder-Motor erzielten die Schmalspurtraktoren eine Leistung von 18 PS. Das besondere Merkmal der Plantagenausführung war die Vollverkleidung. Ansonsten bestanden kaum Unterschiede zur anderen Version.

Der AP 22 S war eine stärkere Version des AP 17 S. Dieses Modell kam 1952 auf den Markt und wurde bis 1955 hergestellt. Der 22-PS-Schlepper besaß ebenfalls die verstellbare Spurweite von 790 bis 1.250 Millimetern. Das Leergewicht lag bei nur 900 Kilogramm. Damit war die Schmalspurausführung um über 400 Kilogramm leichter als die Normalversion. Der P 312, der im Konstruktionsbüro Ferdinand Porsche entworfen worden war, wurde ebenfalls in diesem Zeitraum gebaut. Die meisten der gefertigten Exemplare dieses Modells fanden in brasilianischen Plantagen ein Einsatzfeld. Wegen der dort herrschenden tropischen Bedingungen konstruierte man bei Porsche einen speziellen tropentauglichen luftgekühlten Motor, der es auf eine Leistung von 30 PS brachte.

1956 übernahm die Porsche-Diesel-Motorbau GmbH die Traktorfertigung von Allgaier. Schmalspurausführungen der Standardschlepper blieben weiterhin im Programm. Das erste Modell dieser Art war der Junior S, dessen Fertigung 1957 begann. Die Spurweite war im Bereich von 66 Zentimetern für

22 PS leistete der Motor des AP 22 S von Allgaier. Dieses Fhrzeug wog nur 900 Kilogramm.

den Einsatz in Sonderkulturen bis zu 116 Zentimetern für normale landwirtschaftliche Arbeiten verstellbar. Der Einzylinder-Motor lieferte allerdings nur eine Leistung von 14 PS. Für viele war dies zu wenig. Deswegen bot Porsche-Diesel auch eine Schmalspurausführung des Mittelklassetraktors Standard an, anfangs als Standard AP/S und ab 1958 als Standard 218 S. Der Zweizylinder-Motor leistete in der ersten Version 22 und

Die Blechverkleidung schützte den Allgaier AP 17 S vor Ästen.

ZUNEHMENDE SPEZIALISIERUNG DER TRAKTOREN

Dieser Eicher Puma befindet sich heute noch als Hoftraktor in der Nähe des bayerischen Ortes Scheyern im Einsatz.

beim späteren Modell 25 PS. Wem dies noch nicht reichte, der konnte sich ab 1957 für die Schmalspurvariante des Super entscheiden. Mit seinen 38 PS, die 1961 auf 40 PS anstiegen, zählte dieser Schlepper zu seiner Zeit schon zur Oberklasse. Die Spurweite lag im Bereich von 99 bis 130 Zentimetern.

Sowohl für Allgaier als auch für Porsche-Diesel lag das Hauptgeschäft bei den Standardtraktoren für die normale landwirtschaftliche Tätigkeit. Die Schmalspurschlepper stellten nur ein Zusatzeinkommen dar. Andere Hersteller spielten in diesem Bereich eine bedeutendere Rolle.

Schmalspurschlepper im Eicher-Blau

Forstern bei München lag eigentlich weit von allen Weinanbaugebieten entfernt. Aber es war gerade die Firma Eicher, die eine wichtige Rolle bei der Entwicklung von Schmalspurtraktoren spielte. Ein französischer Eicher-Importeur gab dazu den Anstoß, und im November 1959 erschienen auf der Weinbauausstellung im französischen Montpellier zwei Exemplare eines neu entwickelten Schmalspurschleppers. Innerhalb von zwei Tagen gingen Bestellungen für 74 Stück des kleinen blauen Traktors ein.

Bei Eicher erhielt das Modell die technische Bezeichnung ES 200. Die Verkaufsbezeichnung lautete „Puma". Was das kleine Raubtier so besonders machte, war der Umstand, dass es sich dabei nicht um eine Schmalspurausführung eines normalen Standardtraktors handelte, sondern dass er speziell für Einsätze in Weinbergen und anderen Sonderkulturen konzipiert worden war. Bei seiner Konstruktion waren bereits Vorüberlegungen in Bezug auf die Breite, die Höhe, die Wendigkeit, die Geräte, mit denen er arbeiten muss und so weiter, angestellt worden. Das Ergebnis war ein kleiner robuster Schlepper, der von einem 28 PS starken, luftgekühlten Zweizylinder-Motor von Eicher angetrieben wurde. Die Spurweite konnte an der Vorderachse im Bereich von 715 bis 1.100 Millimetern verstellt werden. Die Hinterräder liefen in einer 680 bis 930 Millimeter breiten Spur. Die Zielgruppe war von dem Konzept überzeugt, und sie zeigte dies in Form von Bestellungen: über 1.000 Exemplare des Puma wurden im Laufe von zwei Jahren verkauft. In den zwei Jahren danach stieg die Verkaufszahl auf über 3.100 Stück.

Der Puma wurde in den folgenden Jahren mehrmals einer Überarbeitung unterzogen. Die Motorleistung erhöhte sich 1965 auf 30 PS. Ein Puma II erschien 1963. Sein Dreizylinder-Motor erbrachte eine Leistung von anfangs 38 und ab 1968 sogar 45 PS. Vom Puma I unterschied er sich durch die etwas größere Spurweite, die bei den Vorderrädern im Bereich von 810 bis 1.220 Millimetern liegen konnte.

Eine spezielle Ausführung des Puma geht auf die Firma Zickler in Frankweiler an der Weinstraße zurück. Dieser Eicher-Händler

SCHMALSPURSCHLEPPER IM EICHER-BLAU

Diese Version des Eicher 3709 wurde von 1974 bis 1976 hergestellt. Der Dreizylinder-Motor des kleinen Traktors leistete immerhin 42 PS.

wollte seinen Kunden einen noch wendigeren Puma für die kleinen Weinberge anbieten. Er ging deshalb daran, den Radstand um 40 Zentimeter zu verkürzen. Dieser „Zickler" wurde bei Eicher mitgebaut. Einzelne Blechteile, wie die Motorhaube und die Kotflügel wurden aber von Zickler geliefert. 180 Exemplare dieser Version wurden hergestellt.

Eicher hatte sich im Schmalspursegment als ein bedeutender Hersteller etabliert. Die 3700-Reihe, die aus sechs Modellen bestand, löste 1970 den Puma ab. Die Motorleistung reichte von 30 bis 45 PS. Eine entscheidende Weiterentwicklung stellte aber der Allradantrieb dar, der bei drei der 3700er-Modelle zu haben war. Der Vierradantrieb war für viele Anwender von großer Bedeutung, da er an den steilen Hängen nicht nur für eine höhere Zugkraft, sondern auch für mehr Sicherheit sorgte.

Während Eicher in den siebziger und achtziger Jahren mit Standardtraktoren langsam aber sicher auf den Abgrund zusteuerte, blieb das Geschäft mit den Schmalspurschleppern relativ lukrativ. Der letzte der großen Schlepper lief 1990 aus der Werks-

Mit seiner Mindestbreite von nur 91 Zentimetern kam der Eicher 3709 auch durch enge Reihen.

Der Trigrone von Antonio Carraro ist ein Knicklenker, der das Arbeiten unter sehr beengten Verhältnissen erlaubt.

halle. Die Schmalspurtraktoren wurden dagegen noch bis 2001 hergestellt.

Carraro

Italien ist für seine Weinberge und Obstplantagen berühmt. Auf einer Fläche von ungefähr 900.000 Hektar werden jährlich um die 60 Millionen Hektoliter Wein erzeugt. Es ist deshalb nicht verwunderlich, dass in diesem Land ein relativ großer Markt für Schmalspurtraktoren existiert. In Italien sind aber auch viele bedeutende Unternehmen der Landtechnikbranche angesiedelt. Dazu gehören einige der wichtigsten Hersteller von Traktoren für den Wein- und Obstbau.

Einer dieser bekannten Traktorhersteller ist Antonio Carraro. Ein anderer heißt nur Carraro. Beide Firmen haben eine gemeinsame Vorgeschichte. „Carraro" heißt eigentlich „Karrenbauer", und das war auch die Tätigkeit vieler Generationen der Familie Carraro in dem venetischen Ort Campodarsego. Dieser Berufung folgte auch der Schmied Giovanni Carraro, der 1910, im Alter von nur 19 Jahren, auf der ersten Industrieausstellung in Padua eine multifunktionale Landmaschine zum Pflügen, Säen, Eggen und Walzen vorstellte. Die Firma Carraro wandelte sich in den folgenden Jahren von einer Werkstätte zu einer Produktionsstätte für landwirtschaftliche Maschinen. 1950 stellte das Unternehmen, an dem mittlerweile auch die Söhne mitarbeiteten, eine selbstfahrende Sämaschine vor, die auch als eine Art Geräteträger bezeichnet wird, weil andere Geräte angebaut werden konnten. Aber 1960 gingen die Carraro-Brüder ihre eigenen Wege. Antonio (geb. 1932) gründete die Firma „Antonio Carraro di Giovanni", die später in „Antonio Carraro SpA" umbenannt wurde. Er wurde zunächst mit seinem Einachsschlepper „Scarabeo" bekannt, aber schon 1963 brachte er den allradgetriebenen Knicklenker „Tigre" auf den Markt. Bald schaffte es das Unternehmen, die Marktführerschaft auf dem Gebiet der Allradtraktoren im unteren Leistungsbereich zu erlangen. Zum Traktorenprogramm gehören heute spezialisierte Modelle für Weinbau, Obstplantagen, Treibhäuser, Pflanzenschulen, Reihenkulturen, Kommunen, Straßenpflege und Hobbylandwirte.

Die andere Firma Carraro, die von den Geschwistern Antonio Carraros geleitet wurde, machte ebenfalls einen steilen Aufstieg mit. 1977 erfolgte die Verlagerung der Produktion nach Rovigo und die Gründung des Tochterunternehmens Agritalia, das nun für die Traktorproduktion zuständig war. Agritalia stellte für große Traktormarken Baurei-

DIE KLEINEN SCHLEPPER DER GROSSEN

hen von Kompakt- und Schmalspurtraktoren her. Dazu zählen Renault, Claas, Case IH, John Deere und Massey Ferguson. Die von Carraro gefertigte gefederte Vorderachse fand bei vielen großen Traktoren anderer Hersteller Verwendung. Seit 2006 vertreibt Antonio Carraro die Carraro-Baureihe Agriplus.

Die kleinen Schlepper der Großen
Wie die Weine, so sind auch die italienischen Hersteller von Traktoren für Sonderkulturen zahlreich und vielfältig. Zu den kleinen Anbietern, die durchaus eine Rolle spielen, gehören Valpadana, BCS, Pasquali und Ferrari. Aber wie steht es um die großen Unternehmen? Lange Zeit stand Fiat an erster Stelle auf dem italienischen Traktormarkt. Heute heißt die Landtechniksparte des Fiat-Konzerns New Holland und das Fiat-Rot wurde von dem Ford-Blau der New-Holland-Traktoren abgelöst. Aber das ehemalige Fiat-Werk in Iesi ist nach wie vor aktiv und produziert die T4000-Serie, die neben der Standardversion für die herkömmliche Landwirtschaft in drei Ausführungen für Sonderkulturen verfügbar ist. Die drei Varianten V, N und F unterscheiden sich in Hinsicht auf die Breite und die Wendigkeit. V dürfte vor allem für den Weinbau mit niedrigem Reihenabstand, N für den Weinbau mit größerem Reihenabstand und F für Obstplantagen interessant sein.

Zu den großen italienischen Traktorherstellern gehört natürlich auch Same Deutz-Fahr, das in Treviglio ein Werk besitzt. Unter dem Namen Same wird die Baureihe Frutteto mit einem Leistungsbereich von 82 bis 96 PS angeboten.

Die Lamborghini-Traktoren werden ebenfalls in Treviglio gefertigt. Mit den Baureihen RF und RS werden unter diesen Markennamen auch Schlepper für den Obst- und Weinbau hergestellt. Eine Sonderausführung der

Aus dem Fiat-Werk in Iesi kommt der New Holland T4050F, dessen Wenderadius nur bei 2,9 Metern liegt.

RS-Reihe, sind die RV-Modelle, die sich durch eine geringere Höhe und schmalere Bereifung auszeichnen. Die Leistung aller drei Varianten liegt, wie beim Same Frutteto, im Bereich von 82 bis 96 PS.

Einer der wichtigsten Hersteller von Spezialtraktoren für den Wein-, Obst- und Hopfenbau ist natürlich Fendt mit den Ausführungen für Sonderkulturen der Baureihe 200 Vario. Die Motorleistung der Modelle liegt im Bereich von 70 bis 110 PS. Was die 200er-Schlepper auszeichnet, ist außerdem das stufenlose Vario-Getriebe.

Fendt bietet modernste Technik auch bei Schmalspurtraktoren. Die 200-Reihe verfügt über das stufenlose Vario-Getriebe.

Die modernen Traktoren und ihre Technik

Moderne Traktoren, wie dieser John Deere 6830, sind nicht nur größer und stärker als ihre Vorgänger, sie bieten auch einen Fahrkomfort, von dem man noch vor wenigen Jahrzehnten nicht zu träumen wagte.

DIE MODERNEN TRAKTOREN UND IHRE TECHNIK

Der Deutz Intrac besaß typische Merkmale des Systemtraktors, wie die Frontkabine und den vorderen Anbauraum.

Systemschlepper: Vom Intrac zum Fastrac

Der Systemschlepper ist, ähnlich wie der Geräteträger, ein Versuch, ein neues, flexibleres Traktorkonzept zu entwickeln. Vom Standardschlepper sollte sich der Systemtraktor durch eine größere Funktionsvielfalt, eine flexiblere Einsetzbarkeit, die größere Bedeutung des Allradantriebs und die Betonung des Frontanbauraums unterscheiden. Äußerliche Merkmale sind neben den Anbauräumen die mittig oder vorne positionierte Fahrerkabine und oft auch die gleichgroßen Räder an der Vorder- und der Hinterachse. Anders als bei den Geräteträgern war man bei der Entwicklung der Systemschlepper von Anfang an auf eine starke Motorisierung bedacht.

Unimog

Das „Universal-Motor-Gerät" schaut eigentlich überhaupt nicht wie ein Systemschlepper aus, und noch weniger wie ein Standardtraktor. Der Unimog entspricht jedoch vielen Merkmalen der Systemtraktoren: er ist stark motorisiert, verfügt über Allradantrieb und mehrere Anbauräume. Es war auch die Land- und Forstwirtschaft, die man als Zielgruppe hauptsächlich im Auge hatte, als man 1946 bei der Firma Erhard & Söhne aus Schwäbisch Gmünd mit der Entwicklung des „Allzwecktraktors", wie man damals das Fahrzeug noch nannte, begann. 1947 erfolgte die Verlagerung der Entwicklung zu der Gebrüder Boehringer GmbH in Göppingen. Im folgenden Jahr konnten auf der DLG-Ausstellung in Frankfurt am Main die ersten Exemplare der Öffentlichkeit vorgestellt werden. Über 150 Bestellungen konnten die Aussteller mit nach Hause nehmen. Die Serienfertigung begann Anfang 1949, und bis zum März 1951 wurden ungefähr 600 Exemplare hergestellt. Im Frühjahr erfolgte der Umzug in das Lkw-Werk der Daimler-Benz AG in Gaggenau, wo bedeutend größere Fertigungskapazitäten vorhanden waren. Die ersten Unimog-Modelle waren mit einem 25 PS starken Motor ausgestattet. 1956 kam ein Antriebsaggregat mit 30 PS zum Einsatz. Von da ab ging die Leistung unaufhaltsam nach oben. Der ab 1992 hergestellte U 2400 Agrar erzielte eine Motorleistung von 240 PS. Verglichen mit anderen Systemfahrzeugen war der Unimog sehr erfolgreich. Von den über 320.000 Exemplaren, die in Gaggenau bis 2002 gebaut wurden, gingen jedoch nur ungefähr 10 Prozent an die Landwirtschaft. Die restlichen Fahrzeuge fanden in Kommunen, Gewerbebetrieben, der Forstwirtschaft und sogar im Militär ein Einsatzgebiet.

Deutz Intrac
Klöckner-Humboldt-Deutz hatte es mit den Standardtraktoren zum erfolgreichsten Schlepperhersteller Deutschlands gebracht. Auf den Markt für Geräteträger hatte sich KHD mit eigenen Modellen aber nie gewagt. Die Kölner Traktorbauer wollten den Kunden jedoch ein Fahrzeug bieten, das ebenfalls über mehrere Anbauräume verfügte, eine hohe Wendigkeit besaß und in vielen Bereichen einsetzbar war. Das Ergebnis ihrer Entwicklungsarbeit, das sie der Öffentlichkeit auf der DLG-Ausstellung 1972 in Hannover vorstellten, sah anders als ein herkömmlicher Standardtraktor aus. Die Kabine befand sich ganz vorne, oberhalb der Vorderachse. Der Fahrer konnte direkt nach unten blicken, auf den Frontanbauraum, der zur Standardausstattung des Traktortyps gehörte. Hinter der Kabine befand sich eine Aufbaufläche und natürlich war auch ein Heckanbauraum vorhanden. Der Motor war – wie es Fendt schon beim F 250 GT gemacht hatte – unterhalb des Fahrerstandes verlegt worden. Das Gefährt wurde als Intrac bezeichnet. Es bekam die Modellnummer 2002.

Der Intrac visierte eine ähnliche Zielgruppe an wie die Geräteträger. Er ermöglichte dank des Schnellkupplers einen unkomplizierten Anbau von Maschinen und Geräten. Zu den Vorteilen zählte der kurze Achsab-

Der Unimog schaut einem Schlepper überhaupt nicht ähnlich. Er besitzt aber die typischen Merkmale eines Systemtraktors.

Der Intrac 2002 gehörte zur ersten Generation der Deutz-Systemschlepper. Dieses Modell verfügt über einen Hinterradantrieb.

DIE MODERNEN TRAKTOREN UND IHRE TECHNIK

Die Frontkabine des Intrac 2003 ermöglichte eine Aussicht nach allen Seiten sowie ungehinderten Blick auf den Frontanbauraum.

Eine mittig positionierte Kabine, vier gleich große Räder und ein serienmäßiger Allradantrieb gehörten zu den Merkmalen der MB-tracs.

stand, der beim Intrac 2002 einen Wenderadius von nur 3,7 Metern ermöglichte. Durch den relativ starken Motor, der bei diesem Modell 51 PS leistete, sollten selbst schwere Feldarbeiten oder die Verwendung von Gerätekombinationen kein Problem darstellen. Der Intrac 2002 war sowohl mit Hinterrad- als auch mit Allradantrieb verfügbar. Als potentielles Einsatzgebiet galten von Anfang an neben der Landwirtschaft auch die Kommunen und die Forstwirtschaft. Der Intrac 2002 wurde bis 1974 hergestellt. In diesem Jahr traten zwei neue Modelle an seine Stelle: der Intrac 2003 mit einem 60 PS leistenden Vierzylinder-Motor und der Intrac 2004, dessen Fünfzylinder-Motor eine Leistung von 80 PS erbrachte. Der Intrac 2005 zeichnete sich dadurch aus, dass er nur mit Allradantrieb verfügbar war und dass er eine Höchstgeschwindigkeit von 40 Stundenkilometern erreichen konnte. In das oberste Leistungssegment stießen die Intracs 1975 mit einem weiteren Modell vor, mit dem von einem Sechszylinder-Motor angetriebenen, 116 PS starken Intrac 2006.

Als erfolgreichstes Modell erwies sich der Intrac 2004, der 1978 auf den Markt kam und sich bis 1989 in Produktion befand. Sein Vierzylinder-Motor erbrachte eine Leistung von 70 PS. Die Intracs konnten zwar eine kleine aber überzeugte Anhängerschaft gewinnen, insgesamt erfüllten sie aber nicht die Erwartungen, die man bei KHD gehegt hatte.

Die Modelle der ersten Intrac-Generation

Modell	Leistung	Bauzeit
Intrac 2002	51 PS	1972–1974
Intrac 2003	60 PS	1974–1979
Intrac 2004	70 PS	1978–1989
Intrac 2005	80 PS	1974–1975
Intrac 2006	116 PS	1975

anz hatte man bei KHD das Intrac-Konzept otz des flauen Verkaufs nicht abgeschrieen. 1987 wagten die Kölner einen neuen nlauf, und zwar diesmal mit drei Sechszyinder-Modellen, die eine Nennleistung von 8 bis 150 PS vorweisen konnten. Bei der ypenbezeichnung wurden die Schreibweien „IN-trac", „IN trac" und manchmal auch Ntrac" verwendet. Der Allradantrieb war ei allen drei Modellen Standard. Die vier eichgroßen Räder ermöglichten eine optiierte Gewichtsverteilung und eine hohe aftübertragung. Trotzdem stellte sich auch esmal der große Erfolg nicht ein. Einige r Kritikpunkte waren der im Vergleich zu

Der MB-trac fand nicht nur in der Landwirtschaft ein Einsatzfeld, sondern auch im kommunalen Dienst und im Gewerbe.

Die Modelle der zweiten Intrac-Generation

Modell	Leistung	Bauzeit
IN-trac 6.05	98 PS	1987–1988
IN-trac 6.30	115 PS	1987–1989
IN-trac 6.60	150 PS	1987–1990

den Standardtraktoren höhere Preis, die mangelnde Federung der Kabine und der Umstand, dass die Sicht auf den Heckanbauraum doch nicht so gut war, falls sich hinter der Kabine ein anderes Gerät befand. 1990 fand die Produktion des letzten IN-trac-Modells ein Ende.

MB-trac

Bei Daimler-Benz wurde schon in den sechziger Jahren an der Entwicklung eines leistungsstarken, für Acker- und Forstarbeiten geeigneten Fahrzeugs gearbeitet. Dieser Mercedes-Trac sollte auf der Unimog-Technik aufsetzen, aber mehr einem Traktor gleichen. 1970 konnte mit den Tests des ersten Prototypen begonnen werden. Ein Schock ereilte die Daimler-Benz-Entwickler, als KHD für die DLG-Ausstellung von 1972 in Hannover den Intrac ankündigte. Nun war Eile geboten, wollte man nicht den Kölnern das Systemtraktorenfeld überlassen. Tatsächlich

DIE MODERNEN TRAKTOREN UND IHRE TECHNIK

Alle Xylon-Modelle leisteten über 100 PS. Sie waren deshalb auch für höchste Leistungsanforderungen geeignet.

schaffte man es, für die Messe ein eigenes Modell vorzustellen. Der MB-trac 65/70 (manchmal auch „MB trac" oder „MBtrac" geschrieben) erwies sich als voller Erfolg. Vorbestellungen für 350 Exemplare konnten die Aussteller verbuchen.

Im Juli 1973 lief die Serienfertigung in dem Mercedes-Benz-Werk in Gaggenau an. Noch mehr als bei den Intracs setzte man bei den MB-tracs auf Leistungsstärke. Bereits das erste Modell verfügte über eine Motorleistung von 65 PS. Dieser Wert sollte sich mit den kommenden Modellen noch erhöhen. 1975 wurde der MB-trac 65/70 von den Modellen 700 und 800 abgelöst. Ein Jahr später erschienen die TB-trac-Typen 1100 und 1300. Die Kunden hatten nun eine Auswahl im Leistungsbereich von 65 bis 125 PS. Anders als bei den ersten Intracs setzte man beim MB-trac nur auf den Allradantrieb. Deshalb verfügte er auch über vier gleich große Reifen. Das Fahrerhaus war gut gefedert und übertraf in Hinsicht auf den Komfort viele Konkurrenten. Die ersten Ab-

satzzahlen waren viel versprechend. Vom MB-trac 65/70 wurden immerhin 2.714 Exemplare verkauft. Die anderen Nachfolger konnten zunächst an dem Erfolg des ersten MB-tracs anknüpfen. Der MB-trac gewann überzeugte Anhänger bei den Landwirten, verlor sie aber im Vorstand von Daimler-Benz, als in den achtziger Jahren die Verkaufszahlen sanken.

Ein Versuch, das Trac-Konzept zu retten, wurde von Daimler-Benz 1987 unternommen. Diesmal wollte man mit dem Konkurrenten KHD zusammenarbeiten. Die Kooperation sollte über eine Trac-Technik-Entwicklungsgesellschaft (TTEG) in Köln und eine Trac-Technik-Vertriebsgesellschaft (TTVG) in Gaggenau ablaufen. Gemeinsam wollte man an einem Nachfolgemodell mit über 100 PS Leistung arbeiten. Letztendlich verlief die Kooperation im Sand, und jede der beiden Firmen brachte eine neue Generation der eigenen Modelle auf den Markt. Die MB-tracs wurden mit stärkeren, teilweise turbogeladenen und abgasärmeren Motoren ausgestattet. Das stärkste Modell, der 1989 erschienene MB-trac 1800, erreichte sogar eine Leistung von 180 PS. Die Verkaufszahlen waren jedoch nicht hoch genug, um die Verantwortlichen bei Daimler-Benz davon zu überzeugen, die Baureihe fortzusetzen. 1991 wurde die Produktion eingestellt. Über 41.300 MB-tracs hatten einen Abnehmer gefunden.

Fendt Xylon

1994, als sich KHD und Daimler-Benz schon von dem Systemschleppermarkt zurückgezogen hatten, stellte Fendt einen eigenen Traktor dieses Typs vor: den Xylon. Wie beim Intrac lag der Motor des Xylon unterhalb der Kabine. Mit dem MB-trac hatte das Fendt-Modell dagegen das mittig positionierte Cockpit sowie den standardmäßigen Allradantrieb und die vier gleichgroßen Räder ge-

FENDT XYLON

meinsam. Anders als die vorhergehenden Systemtraktoren hatte der Xylon jedoch gleich vier Anbau- und Aufbauräume, nämlich den Front- und den Heckanbauraum mit jeweils einem Kraftheber und Zapfwelle, sowie die zwei Aufbauräume, die vor und hinter der Kabine lagen.

Fendt vermarktete den Xylon als universell einsetzbares Systemfahrzeug für Kommunen, Landschaftspflege, Bau- und Forstwirtschaft, Industrie und natürlich für die Landwirtschaft. Die Höchstgeschwindigkeit konnte je nach Ausführung bei 40 oder 50 km/h liegen. Die drei Xylon-Modelle, mit denen Fendt 1994 auf den Markt trat, waren mit Vierzylinder-Motoren von MAN ausgestattet. Ihre Leistung lag im Bereich von 110 bis 140 PS. Nicht nur in Hinsicht auf die Leistung, auch bei der Ausstattung konnte sich der Xylon sehen lassen. Die Heckzapfwelle konnte auf die Arbeitsgeschwindigkeiten 540, 750, 1.000 und 1.400 Umdrehungen pro Minute geschaltet werden. Eine ruhige Fahrt gestattete die Kabine, da sie sich in dem besonders schwingungsarmen Bereich zwischen den Achsen befand. Die Vorderachse war zudem hydropneumatisch gefedert.

Trotz der Flexibilität, Leistungsbereitschaft und Ausstattung des Xylon blieben die Verkaufszahlen niedrig. Vom Xylon 520, dem kleinsten Modell, wurden nur 360 Exemplare hergestellt. 440 Stück des Xylon 522 fanden einen Abnehmer. Die Zielgruppe war vor allem am stärksten Modell, dem Xylon 524, interessiert. 1.423-mal, wurde dieser Typ verkauft. 2004 erfolgte ebenso wie bei den Geräteträgern die Produktionseinstellung. Eine notwendige Weiterentwicklung des Motors und der Modelle hätte sich angesichts der niedrigen Verkaufszahlen nicht mehr gelohnt.

Mit dem Xerion gelang Claas der erfolgreiche Einstieg in den Traktorenbau. Dieses Modell ist in der Saddle-Trac-Ausführung mit der langen Aufbaufläche hinter der Kabine.

Die Xylon-Modelle

Modell	Leistung	Bauzeit
Xylon 520	110 PS	1994–2004
Xylon 522	125 PS	1994–2004
Xylon 524	140 PS	1994–2004

DIE MODERNEN TRAKTOREN UND IHRE TECHNIK

Mit dem Xerion 3300 lässt sich leicht in Rückwärtsfahrt arbeiten. Dazu muss der Fahrersitz nur um 180 Grad gedreht werden.

Claas Xerion

Als Claas Anfang der neunziger Jahre mit der Entwicklung des Xerion begann, war dies kein unproblematisches Vorhaben. Das Harsewinkeler Unternehmen hatte seit dem Huckpack vor über dreißig Jahren keinen Traktor mehr auf den Markt gebracht. Noch dazu handelte es sich beim Xerion um einen Systemtraktor, also einen Schleppertyp, mit dem andere Hersteller schon gescheitert waren, und er sollte im Leistungsbereich sogar noch den MB-trac übertreffen. Aber die Entwickler von Claas legten viel Wert auf die technische Erprobung des neuen Traktors. Der Xerion wurde bereits 1993 angekündigt. Es dauerte jedoch noch bis 1997, bis er in Serienfertigung gehen konnte. Es waren schließlich zwei Ausführungen, in denen der Claas-Systemschlepper zur Verfügung stand: als Xerion 2500 mit 250 PS Nennleistung und als Xerion 3000 mit 300 PS Nennleistung. Zwei Jahre nach dem erfolgreichen Start wurde die Leistung auf 265 beziehungsweise 315 PS erhöht.

Wie bei den anderen Systemschleppern, so spielten auch beim Xerion der Heck- und der Frontanbauraum, die beide mit starken Krafthebern ausgestattet waren, eine wichtige Rolle. Der standardmäßige Allradantrieb und die gleichgroßen Räder an der Vorder- und Hinterachse sowie eine Vierrad-Lenkung waren ebenfalls typische Merkmale.

Die beiden ersten Xerion-Modelle befanden sich bis 2004 in Produktion. Sie wurden von dem 305 PS starken Xerion 3300 abgelöst. 2008 erweiterte der 344 PS leistende Xerion 3800 das Programm.

Der Xerion wird in drei Versionen angeboten: in der Ausführung „Trac" mit der Kabine in fester Mittelposition, als „Trac VC" mit einer um 180 Grad drehbaren Kabine und als „Saddle Trac". Bei letzterer Ausführung befindet sich das Cockpit oberhalb der Vorderachse, weswegen ein großer Aufbau- beziehungsweise Aufsattelraum hinter der Kabine vorhanden ist. Der Xerion Saddle Trac lässt sich hervorragend mit Aufliegern, Gülletanks, Saatgutbehälter und anderen Gerätschaften einsetzen.

Auf der Agritechnica 2009 stellte Claas zwei weitere Modelle der Baureihe vor: den Xerion 4500 mit einer Leistung von 483 PS

Die Xerion-Modelle

Modell	Leistung	Bauzeit
Xerion 2500	250 PS, ab 1999: 265 PS	1997–2004
Xerion 3000	300 PS, ab 1999: 315 PS	1997–2004
Xerion 3300	305 PS	ab 2004
Xerion 3800	344 PS	ab 2008
Xerion 4500	483 PS	2009 vorgestellt
Xerion 5000	524 PS	2009 vorgestellt

und den Xerion 5000, mit dem die 500-PS-Grenze überschritten wird. Sein Sechszylinder-Motor von Caterpillar bietet eine Leistung von 524 PS. Beide Modelle erreichen mit ihrem stufenlosen Getriebe eine Höchstgeschwindigkeit von 50 Stundenkilometern.

JCB Fastrac

JCB gehörte wie Claas zu den Unternehmen, die die Traktorenfertigung aufnahmen, als andere wieder ausstiegen. Der Gründer des im englischen Rocester ansässigen Baumaschinen-Unternehmens, Joseph Cyril Bamford, hatte bemerkt, dass sich die Traktoren den größten Teil ihrer Einsatzzeit, nämlich ungefähr 70 Prozent, auf der Straße befanden. Eine Verkürzung der Fahrzeit würde für die Landwirte und Lohnunternehmer einen bedeutenden Vorteil mit sich bringen. Unter großer Geheimhaltung begann man bei JCB deshalb an einem Traktor zu arbeiten, der schneller als die herkömmlichen Schlepper sein sollte. 1990 wurde das Ergebnis der Öffentlichkeit vorgestellt. Das Modell besaß, wie die Systemtraktoren, Allradantrieb, vier gleichgroße Räder, einen Front- und einen Heckanbauraum mit jeweils einem starken Kraftheber sowie einen Aufbauraum hinter der Kabine. Was den JCB-Schlepper aber besonders auszeichnete, war die Höchstgeschwindigkeit, die abhängig von der Ausführung bis zu 75 km/h betragen konnte. Ein späteres Modell konnte sogar bis zu 80 Stundenkilometer auf der Straße erreichen. Die Bezeichnung „Fastrac" für die JCB-Traktoren, war durchaus angebracht. Bamfords Kalkulation war ebenfalls aufgegangen. Die Fastracs erwiesen sich als Erfolg. JCB ist es gelungen, sich in der Traktorenbranche zu etablieren.

Bis zu 80 Stundenkilometer kann der Fastrac 3230 von JCB in der entsprechenden Ausführung auf der Straße erreichen.

DIE MODERNEN TRAKTOREN UND IHRE TECHNIK

Auf Stahl und Gummi:
Von den ersten Gleisketten zu den modernen Gummibandlaufwerken

Die ersten Raupentraktoren

Schon früh experimentierten Traktorhersteller mit Raupenlaufwerken bei Traktoren. Sie hatten gewisse Vorteile gegenüber Rädern. Dazu gehörten eine bessere Traktion vor allem auf schwierigem Untergrund, eine geringere Bodenverdichtung durch die größere Auflagefläche und eine höhere Standfestigkeit an Hängen. Aber natürlich hat die Verwendung von Raupenlaufwerken bei Traktoren auch seine Nachteile. Dazu gehört beispielsweise beim Steuern das „Radieren" auf dem Untergrund, das zu einer Beschädigung der Grasnarbe oder des Bodens führen kann. Außerdem sind auf der Straße nicht die gleichen Geschwindigkeiten wie mit Rädern erreichbar. Obwohl die Radtraktoren den Sieg davon trugen, verschwanden die landwirtschaftlichen Raupenschlepper nie ganz von der Bildfläche und konnten in letzter Zeit im obersten Leistungssegment sogar eine Renaissance erleben.

Zu den Pionieren in der Raupentechnik gehörte Benjamin Holt, der schon ab 1906 Raupenschlepper mit Verbrennungsmotoren herstellte und dessen Unternehmen einer der Vorläufer des Baumaschinenherstellers Caterpillar war. Auch Renault baute nach dem Ersten Weltkrieg zunächst Traktoren mit Gleiskettenlaufwerken. Das Unternehmen hatte während des Ersten Weltkriegs schon Erfahrung mit dieser Antriebsart durch die Produktion von Panzern bekommen.

Der Mannheimer Bulldog-Hersteller Lanz hatte während des Ersten Weltkriegs ebenfalls einige benzinbetriebene Vollraupen mit Panzerung gebaut, allerdings als Zugmaschine für schwieriges Gelände. Nach

Das amerikanische Unternehmen Holt baute schon Anfang des 20. Jahrhunderts große Zugmaschinen, die auf Gleisketten liefen.

DIE ERSTEN RAUPENTRAKTOREN

Anders als die auf Rädern fahrenden Schlepper von Lanz kann man die Raupen-Bulldogs leider nur noch in Museen bewundern.

Kriegsende hielt man sich auf diesem Gebiet zunächst zurück. Erst 1927, nach dem erfolgreichen Baubeginn der mit Eisen- und Gummireifen ausgestatteten Bulldogs, unternahm man den Einstieg in die Produktion von Raupentraktoren. Alle Modelle wurden von Glühkopfmotoren angetrieben. Selbst während des Zweiten Weltkriegs ging der Bau weiter. 1945 wurden sogar mehr Raupen- als Radtraktoren hergestellt. Aber 1946 erteilte Lanz endgültig den bereiften Bulldogs die Vorfahrt.

Auch Klöckner-Humboldt-Deutz wagte sich an den Bau von Raupenschleppern, allerdings erst in den fünfziger Jahren. Dabei handelte es sich um Modelle der obersten Leistungsklasse. Die Raupe F4L 514/4 brachte es mit ihrem Vierzylinder-Motor auf 60 PS. Ein wahrer Gigant war die DK 90, die mit ihrem Sechszylinder-Motor 90 PS leistete. KHD war mit den Raupen durchaus erfolgreich. Sie waren zwar auch für die Landwirtschaft konzipiert, fanden aber eher ein Einsatzfeld in der Bau- und der Forstwirtschaft. Für die normalen Arbeiten auf den Äckern und Höfen waren sie zu schwer, zu langsam und hatten den Nachteil, dass sie für Fahrten auf den asphaltierten Straßen nicht geeignet waren.

Das französische Unternehmen Renault baute bereits kurz nach dem Ersten Weltkrieg einen Traktoren mit Raupen. Dieser HI mit 20 PS wurde ab 1920 hergestellt.

DIE MODERNEN TRAKTOREN UND IHRE TECHNIK

Die Bulldog-Raupe D 1571 von Lanz war vor allem für den Einsatz im Straßenbau vorgesehen.

Die KV 50 war eine Hanomag-Raupe, die ab 1948 hergestellt wurde und auf dem Vorkriegsmodell K 50 aufbaute.

Die Hanomag-Kettenschlepper

Die bedeutendste Rolle bei der Produktion von Raupenschleppern für die Landwirtschaft spielte zweifellos Hanomag. Das in Linden bei Hannover beheimatete Unternehmen stellte bereits 1919, also bevor Lanz mit dem Bulldog-Bau begann, das erste Kettenfahrzeug vor: den WD Z 20, der mit seinem Benzinmotor 20 PS leistete. Mit den folgenden Modellen erhöhte sich die Motorleistung auf bis zu 50 PS. Der erste Raupentraktor mit Dieselmotor war der K 35/40. Was dieses Modell von den Vorgängern zudem unterschied, war das Lenkrad, das die Steuerung durch zwei Handhebel ablöste. Eine Erneuerung der Modellreihe erfolgte in den dreißiger Jahren. Zur Standardausstattung der Kettenschlepper gehörte eine Zapfwelle. Auf Wunsch waren auch eine Riemenscheibe und eine Seilwinde zu haben. Vom K 50 stand neben der Normalausführung eine Version „E", die sich durch eine größere Kettenbreite auszeichnete, zur Verfügung. Die ab 1938 hergestellte Version „H" zeichnete sich durch die Hebellenkung aus. Während des Zweiten Weltkriegs wurde auch noch die Ausführung „HW" mit Holzgasmotor hergestellt.

Drei Jahre nach dem Ende des Zweiten Weltkriegs nahm Hanomag die Produktion der Kettenschlepper wieder auf. Angesichts des Wiederaufbaus und des einsetzenden Wirtschaftswunders bestand natürlich auch in der Baubranche ein großer Bedarf an Raupenschleppern. Mit dem KV 55 E entsprach man den Anforderungen dieser Branche. Der KV 55 S war dagegen eine Schmalspurversion, die sich an den Wein- und Obstbau sowie an die Forstwirtschaft richtete.

Die Bedeutung der Kettenschlepper für die Landwirtschaft wurde zunehmend geringer. Ab 1964 produzierte Hanomag nur noch für die Bauwirtschaft Modelle, wobei zwischen Lade- und Planierraupen unterschieden wurde.

Ackergiganten auf Bandlaufwerken

Um die Raupentraktoren in der Landwirtschaft wurde es ruhiger, obwohl sie im Bereich der Sonderkulturen immer noch einen festen Platz hatten. 1987 überraschte aber Caterpillar die Öffentlichkeit mit Großtrakto-

ACKERGIGANTEN AUF BANDLAUFWERKEN

ren die das neu entwickelte gefederte Bandlaufwerk namens „Mobil-trac" zur Fortbewegung benutzten. Anstelle der stählernen Ketten kam bei diesem System ein Gummi-Laufband, das ähnlich wie Reifengummi aus mehreren Lagen Gewebe und Stahl bestand, zum Einsatz. Die Vorteile gegenüber den herkömmlichen Gleisketten waren die höhere Geschwindigkeit, die damit gefahren werden konnte, die größere Laufruhe, das problemlose Fahren auf asphaltierten Straßen, da keine Schäden verursacht wurden, und außerdem war es wartungsärmer und kostengünstiger. Das Mobil-trac-System konnte vor allem im obersten Leistungsbereich seine Vorteile ausspielen. Die große Auflagefläche der Bänder gestattete einen bodenschonenden Einsatz und sie ermöglichte es, die hohe Leistung der Motoren in eine entsprechende Traktion umzusetzen.

Caterpillar hatte sich lange aus der Landtechnikbranche herausgehalten. Nun erfolgte der Wiedereinstieg mit den gelben Raupentraktoren der Marke Challenger.

Caterpillar hatte mit dem Mobil-trac-System nicht nur für Aufsehen gesorgt, die Challenger-Traktoren waren durchaus erfolgreich. Aber der Wettbewerbsvorteil gegenüber den anderen großen Traktorherstellern hielt nicht lange an. In den neunziger Jahren kamen auch John Deere und Case IH mit Bandlaufwerken auf den Markt. Die Folge waren Rechtsstreitigkeiten.

Den Konkurrenten gelang die erfolgreiche Einführung von Großtraktoren mit den neuen Laufwerken, wobei Case IH auf das Quadtrac-System setzte, bei dem anstelle der vier Räder vier Laufwerke vorhanden sind. Was auch immer die Gründe gewesen sein mögen, Caterpillar entschied sich schon 2001, wieder aus der Traktorenbranche auszusteigen. Die Challenger-Fertigung wurde von AGCO übernommen. Der aufstrebende Landtechnikkonzern mit Sitz in Duluth, Georgia, erweiterte das Programm mit Vierradtraktoren und anderen Produkten. 2005 überraschte AGCO auf der Agritechnica in Hannover die Öffentlichkeit mit dem Challenger MT875B, dem bis dahin stärksten in Serie gefertigten Traktor der Welt.

Die K 90 E wurde ab 1961 bei Hanomag hergestellt. Ihr Direkteinspritzmotor leistete 90 PS.

Die gelben Challenger-Traktoren gehören heute zu AGCO. Angetrieben werden sie von Caterpillar-Motoren. Beim MT875B liegt die Höchstleistung bei 600 PS.

Leichtes Schalten:
Stufenlose Getriebe und moderne Wendegetriebe

Die Traktoren haben im Laufe ihrer Geschichte eine rapide Entwicklung durchgemacht. Sie wandelten sich von langsamen, wenige PS leistenden Fahrzeugen zu schnellen, manchmal mehrere Hundert PS starken High-tech-Fahrzeugen. Weniger Beachtung als die Zunahme der Leistungswerte finden die Getriebe, die sich zu äußerst komplexen Elementen der Kraftübertragung entwickelt haben. Abhängig von der Einsatzart eines Traktors, ob er auf der Straße fährt, einen Pflug zieht oder mit einer Feldspritze arbeitet, sind unterschiedliche Geschwindigkeiten und Drehzahlen nötig. Die erforderliche Drehzahlanpassung zu ermöglichen, ist die Aufgabe des Getriebes. Je feiner die Gangabstufung eines Getriebes ist, desto größer ist die Wahrscheinlichkeit, die optimale Kombination von Motordrehzahl und Geschwindigkeit zu finden.

Die ersten Traktoren besaßen wenig Gänge. Die Geschwindigkeiten, die gefahren werden konnten, waren ohnehin nicht hoch, weswegen zwei bis vier Gänge reichten. Manche Schlepper, beispielsweise die ersten Lanz-Modelle, mussten zum Fahrtrichtungswechsel noch „umgesteuert" werden. Dabei wurde der Motor dazu gebracht, die Kurbelwelle in die andere Richtung anzutreiben.

Je schneller die Traktoren wurden, desto größer wurde auch die Anzahl der Gänge. Bei der Baureihe 06, die Deutz gegen Ende der sechziger Jahre einführte, hatte sich die Höchstgeschwindigkeit bereits auf 25 beziehungsweise 30 Stundenkilometer erhöht. Das Getriebe bot zumeist acht Vorwärts- und zwei oder vier Rückwärtsgänge.

Ruckfrei mit der Strömungskupplung

Einen technischen Meilenstein in der Traktortechnik stellte die Einführung einer ölhydraulischen Strömungskupplung dar, wie sie beispielsweise 1952 beim Hanomag R 55 ATK vollzogen wurde. Bei dieser Art von Kupplung, die von der Firma Voith entwickelt und ursprünglich für den Lokomotivbau gedacht war, kommt es zu keiner direkten Verbindung zwischen dem Motor und dem Getriebe wie bei der Reibungskupplung. Bei der Strömungskupplung wird anstelle der Reibungskraft die kinetische Energie einer Ölfüllung zur Übertragung des Drehmoments benutzt. Zwischen Motor und Getriebe befinden sich in einem fest abgedichteten Gehäuse ein mit Öl gefülltes Pumpenrad und ein Turbinenrad. Der Motor setzt das Pumpenrad in Bewegung. Das Öl gerät in Bewegung und treibt ab einer bestimmten Drehzahl das Turbinenrad, das mit dem Getriebe verbunden ist, an. Bei einer Drehzahl von unter 500 Umdrehungen pro Minute verliert das Öl die Kupplungswirkung, was zur Folge hat, dass die Kraftübertragung zwischen Motor und Getriebe wieder getrennt wird. Die Strömungskupplung hat gegenüber der herkömmlichen Reibungskupplung

Dieses Bild bietet einen Blick in das Innenleben eines Dieselross F 15, das von 1949 bis 1957 in unterschiedlichen Versionen hergestellt wurde. Das Getriebe von ZF bot noch vier Vorwärtsgänge und einen Rückwärtsgang.

RUCKFREI MIT DER STRÖMUNGSKUPPLUNG

gewisse Vorteile: Sie ermöglicht ein sanftes, ruckfreies Anfahren, stoßartig auftretende Belastungen werden ausgeglichen, weshalb es zu keinem Absterben des Motors kommt, das Getriebe wird geschont und Verschleiß wird vermieden. Zu den Nachteilen zählen jedoch, dass gewisse Leistungsverluste nicht vermieden werden können und dass es bei Bergabfahrten mit hoher Anhängelast zu einer schlechten Motorbremswirkung kommt.

Andere Traktorhersteller führten die Strömungskupplung ebenfalls bei einigen Modellen ein. Porsche-Diesel stattete zum Beispiel 1957 den Standard 218 mit dieser Kupplungsart aus. Holder verwendete 1956 bei einem Modell eine hydrodynamische Kupplung.

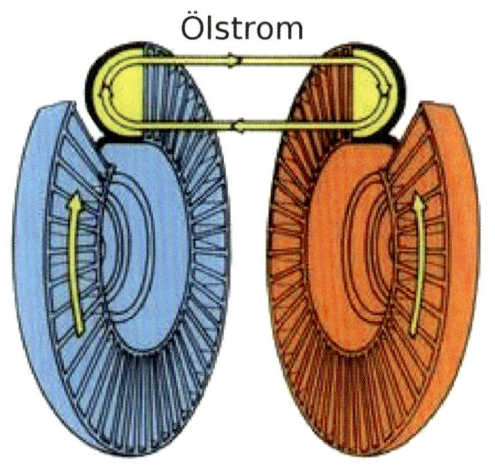

Ein Ölstrom, der zwischen Turbinen- und Pumpenrad entsteht, ist bei der Strömungskupplung für die Kraftübertragung verantwortlich.

Der wirkliche Durchbruch der hydrodynamischen Leistungsübertragung bei den Traktoren erfolgte jedoch erst mit der Turboma-

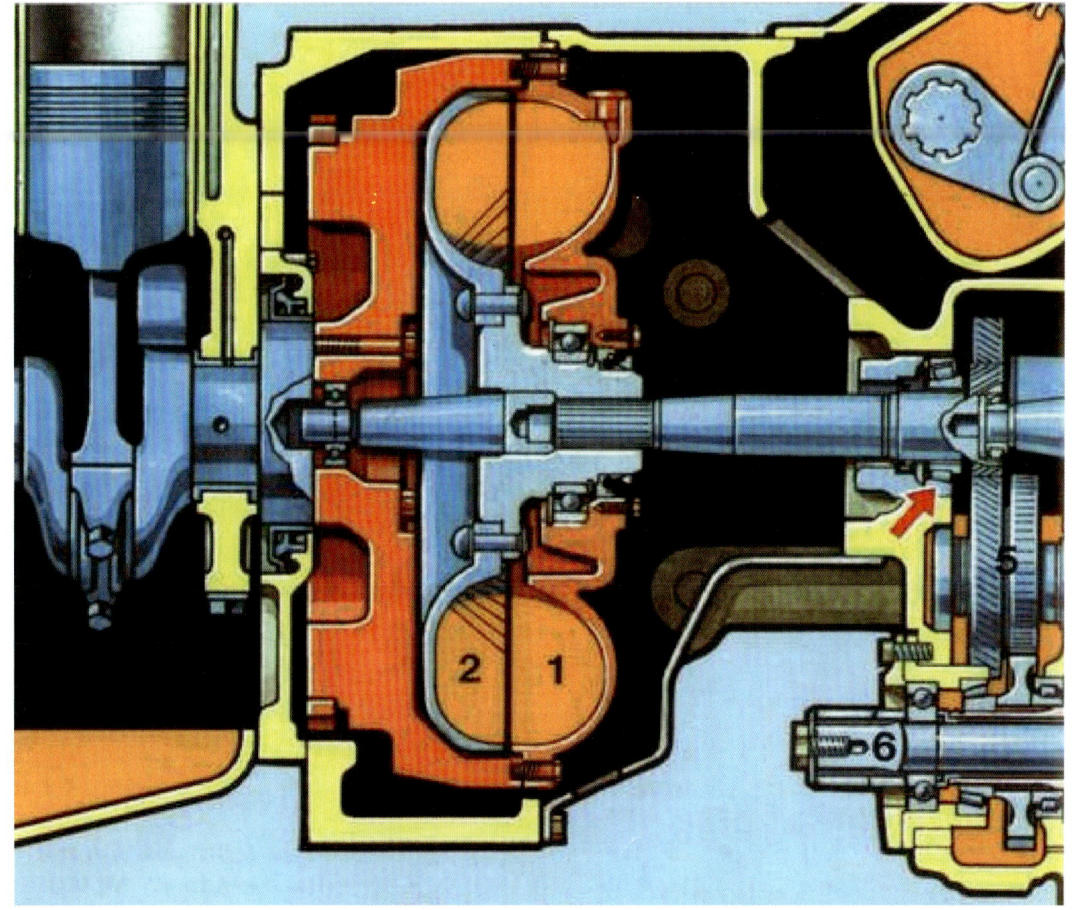

Ein Schnitt durch die Turbomatik von Fendt. Die Nummer 1 stellt das Pumpen- und die Nummer 2 das Turbinenrad dar.

125

DIE MODERNEN TRAKTOREN UND IHRE TECHNIK

Der Mammut HR war mit einem stufenlosen hydrostatischen Getriebe ausgestattet. Erfolg hatte Eicher mit dieser innovativen Technik jedoch nicht.

tik, die bei Fendt hergestellt und 1965 mit dem Farmer 3S zum ersten Mal zum Einsatz kam. In den großen Schleppern kombinierte Fendt die Strömungskupplung mit lastschaltbaren Getrieben.

Stufenlos mit hydrostatischen Getrieben

Die Strömungskupplung und die wachsende Gangzahl brachten viele Vorteile mit sich. Aber 1966 kam Eicher mit dem Mammut HR auf den Markt. Dieser Traktor zeichnete sich dadurch aus, dass zum Beschleunigen und zur Geschwindigkeitsverringerung nur das Gaspedal getreten werden musste. Der Traktor besaß keine Gangschaltung mehr. Der Grund dafür war das stufenlose hydrostatische Getriebe von Dowty-Taurodyne, das über einen Axialkolbenmotor und eine Axialkolbenpumpe verfügte. Die Kraftübertragung erfolgte nicht mehr mechanisch, sondern mittels einer Flüssigkeit. So konnte der Traktor in der Vorwärtsfahrt ohne zu schalten von null auf 25 Stundenkilometer beschleunigen und in die umgekehrte Richtung stufenlos bis 17 km/h schnell werden.

Der Mammut HR war in einer hinterradgetriebenen Ausführung und in einer Allradversion erhältlich. Zwei Jahre nach dem Stapellauf wurde das Modell einer Überarbeitung unterzogen. Dazu gehörte auch eine verbesserte Bedienung des Getriebes. Ein großer Erfolg war der Mammut HR jedoch nicht. Insgesamt wurden nur 71 Exemplare verkauft. Eine neue Version des Mammut HR wurde 1970 in die 3000-Reihe aufgenommen. Aber die Absatzzahlen bei dieser Version waren noch schlechter, weswegen Eicher das Experiment mit dem stufenlosen Antrieb 1972 beendete. Zu den Gründen für den Misserfolg gehörten der höhere Preis des vollhydraulischen Getriebes sowie der Wirkungsgrad, der im Teillastbereich und bei höheren Geschwindigkeiten nicht den Erwartungen entsprach. Schließlich spielte auch die Konkurrenz durch die herkömmlichen Schaltgetriebe eine Rolle, da manche Hersteller, wie etwa Same, um diese Zeit schon Getriebe mit 48 Vorwärtsgängen anboten.

Wesentlich erfolgreicher war die International Harvester Company, die 1967 das Modell IHC 656 mit einem stufenlosen Antrieb, in dem ein hydrostatischer Wandler von Sundstrand zum Einsatz kam, vorstellte. Von dem Modell wurden mehrere Tausend Exemplare verkauft. Auch nachfolgende Modelle wurden mit dem hydrostatischen Antrieb ausgerüstet. Die IHC-Hydro-Schlepper konnten einen relativen Erfolg verbuchen, weil auf ihrem hauptsächlichen Einsatzgebiet, nämlich dem Gemüsebau, sehr langsame Geschwindigkeiten erforderlich waren und deshalb die Leistungsverluste niedrig blieben.

IHC baute 1984 die letzten hydrostatisch angetriebenen Traktoren. Diese Getriebeart konnte sich zwar bei den Standardtraktoren nicht durchsetzen, wird heute aber oft bei

VERLUSTFREI MIT DER LEISTUNGSVERZWEIGUNG

Kleintraktoren angeboten. Der Grund dafür ist, dass bei Arbeiten, bei denen der größte Teil der Motorleistung über die Zapfwelle mechanisch übertragen wird, oder bei Einsätzen in kleinflächigen landwirtschaftlichen Strukturen die Verluste des Fahrantriebs weniger ins Gewicht fallen. Auch bei Kommunaltraktoren und bei sogenannten „Hobbytraktoren" ist der hydrostatische Antrieb durchaus beliebt.

Verlustfrei mit der Leistungsverzweigung
Um den stufenlosen Antrieb bei den Standardschleppern blieb es vorerst ruhig. Aber 1995 versetzte Fendt mit dem Favorit 926 Vario die Öffentlichkeit in Staunen. Der Großschlepper überraschte nicht nur durch die hervorragende Performance – er schaffte trotz seiner 7,8 Tonnen Leergewicht eine Beschleunigung von null auf 50 km/h in 7,8 Sekunden – sondern vor allem durch das stufenlose Vario-Getriebe. Acht Jahre hatten die Entwickler von Fendt an dem Getriebe gearbeitet. Das Ergebnis war ein wahrhafter Sprung in der Evolution der Antriebstechnik.

Von dem IHC-Modell Hydro 84 wurden im englischen Doncaster über 8.000 Stück gefertigt. Er fand vor allem im Gemüsebau und auf Reihenfruchtfeldern ein Einsatzfeld.

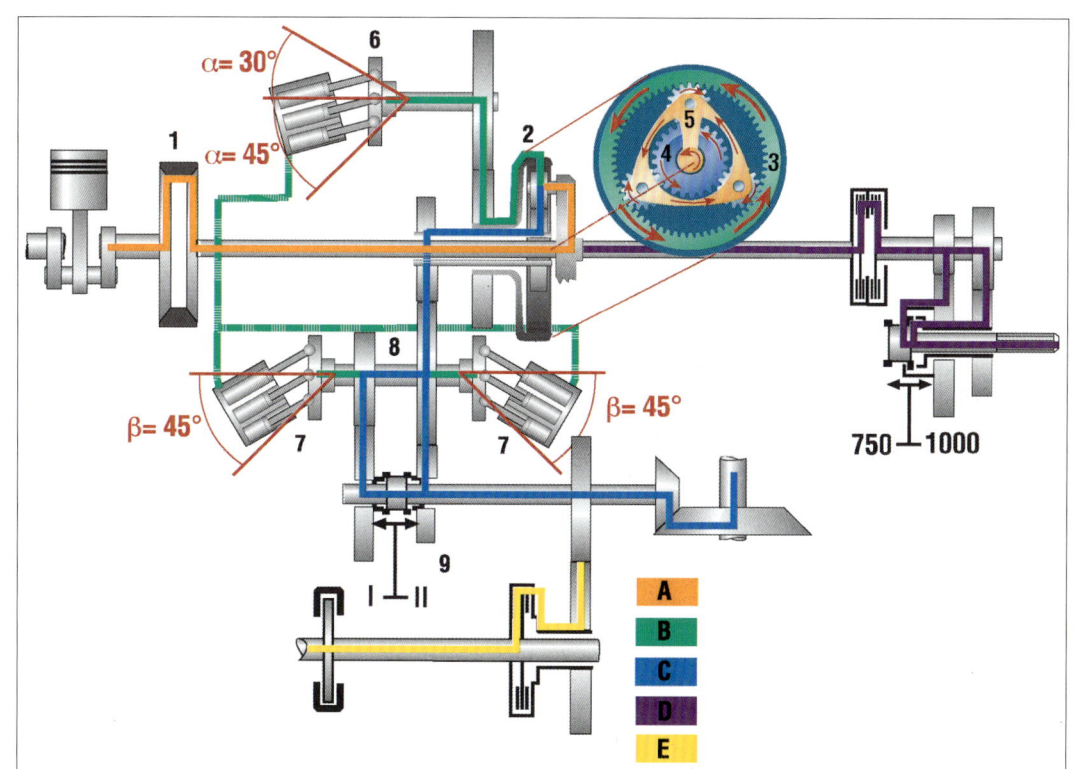

Dies ist ein Schema des 1995 eingeführten Vario-Getriebes. Die Buchstaben haben folgende Bedeutung:
A Motordrehmoment,
B hydraulische Kraftübertragung,
C mechanische Kraftübertragung,
D Zapfwelle,
E Allradantrieb.

DIE MODERNEN TRAKTOREN UND IHRE TECHNIK

Das Planetengetriebe ist auch beim TTV-Getriebe von Deutz-Fahr ein zentraler Teil.

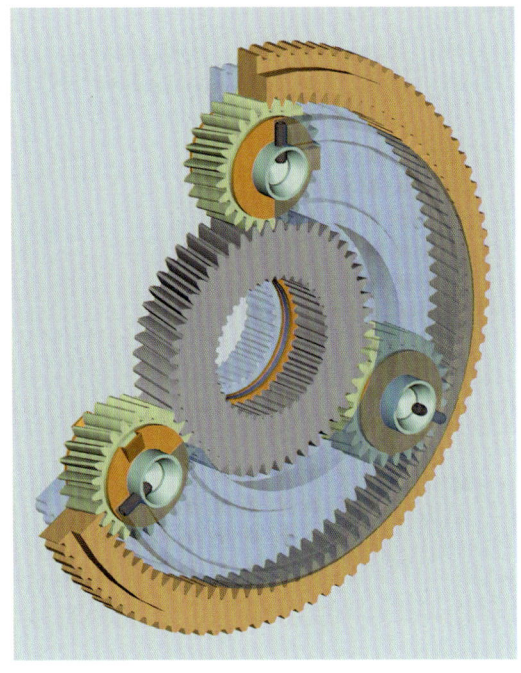

Schnitt durch das TTV-Getriebe von Deutz-Fahr. Neben hydraulischen dienen auch mechanische Komponenten zur Kraftübertragung.

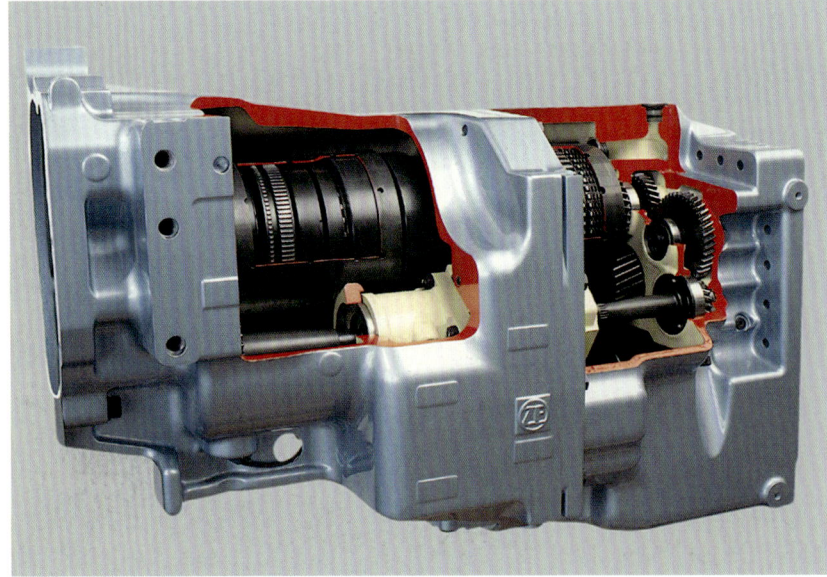

Ein Ganghebel war in der High-tech-Kabine nicht vorhanden. Stattdessen konnte der Fahrer einen in der rechten Armlehne des Sitzes integrierten „Joystick" benutzen, um den 260 PS leistenden Giganten in Bewegung zu setzen. Durch das Nachvornedrücken des Hebels bei gedrückter Aktivierungstaste beschleunigte der Traktor so lange, bis der Hebel wieder losgelassen wurde. Ein Zurückziehen des Joysticks führte zu einer Verringerung der Geschwindigkeit bis zum Stillstand. Durch ein Drücken des Hebels nach links wurde die Wendeschaltung aktiv: Der Traktor bremste selbständig bis zum Stillstand ab und fuhr anschließend in umgekehrte Richtung weiter.

Das Vario-Getriebe und die dazugehörende Technik boten eine Vielzahl von Funktionen, die nicht nur das Fahren komfortabel machten, sondern auch einen kraftstoffsparenden Betrieb ermöglichten. Was das Getriebe aber besonders auszeichnete, war der Umstand, dass es kaum zu Leistungsverlusten kam. Die Fendt-Ingenieure hatten das Problem gelöst, indem sie Hydrostatik und Mechanik bei der Kraftübertragung verwendeten. Ein zentraler Teil war das Planetengetriebe, das die Motorkraft in zwei Teile splittete. Das Hohlrad des Planetengetriebes übertrug die Kraft auf den hydrostatischen Teil und das Sonnenrad leitete sie über mechanische Zahnradverbindungen und die Fahrstufenschaltung weiter. Das Entscheidende war, dass sich bei zunehmender Geschwindigkeit der Kraftfluss stufenlos zum mechanischen Teil hin verschob.

Das Vario-Getriebe war ein voller Erfolg. Es wurde zunächst in den Großtraktoren aus dem Hause Fendt eingesetzt, steht heute aber auch für Baureihen kleinerer Schlepper, wie der Fendt-200-Vario-Serie, zur Verfügung.

Mit dem Vario-Getriebe war der Damm gebrochen. Andere Hersteller führten nun ebenfalls stufenlose Getriebe mit Leistungsverzweigung ein. Bei Deutz-Fahr geschah dies im August 2001 mit der Auslieferung der ersten Agrotron-TTV-Modelle. Ein stufenloses Getriebe führten Case IH und Steyr 2000 mit ihrer CVX- beziehungsweise CVT-Reihe ein. Das Getriebe war gemeinsam mit der Magna-Tochter Steyr Antriebstechnik entwickelt worden.

Der Traktor denkt mit: Bord-Computer und automatische Fahrsysteme

Die frühen Traktoren waren im Vergleich zu heutigen Traktoren technisch sehr einfach gestaltet. Instrumente zur Kontrolle des Traktors waren oft sehr knapp. Manchmal gab es ein Lämpchen für den Ladezustand der Batterie, einen Betriebsstundenzähler und Ähnliches. Um die Kraftstoffreserve zu kontrollieren wurde oft einfach der Deckel abgeschraubt und ein Blick in den Tank geworfen. Der sogenannte Traktometer, der in den ersten Nachkriegsjahrzehnten oft zur Ausstattung gehörte, stellte schon einen erheblichen Fortschritt dar. Dabei handelte es sich um ein uhrenartiges Instrument mit einem oder zwei Zeigern, zum Ablesen gewisser Werte. Das „Zentralinstrument zur Bedienung und Überwachung" des Schleppers, wie es Eicher nannte, lieferte Informationen über die Motordrehzahl, die Fahrgeschwindigkeit, die Drehzahl der Zapfwelle und so weiter. Ein Lämpchen leuchtete auf, wenn das Fernlicht eingeschaltet war, der Öldruck abfiel oder der Kraftstoff zu Ende ging.

Je leistungsfähiger und komplizierter die Traktoren wurden, desto wichtiger war es, Informationen über den Betriebszustand zu erhalten, um beispielsweise die optimale Getriebeübersetzung zu wählen. Ein Beispiel für ein Fahrerinformationssystem, wie es in den achtziger Jahren in größeren Traktoren Verbreitung fand, ist das agrotronic-i von Deutz-Fahr. Bei diesem System hatte bereits der Mikrocomputer Einzug gehalten, obwohl die Berechnungen, die das Elektronikgehirn damals ausführen musste, noch relativ einfach waren. An die Stelle der analogen Anzeige waren zum großen Teil digitale Displays getreten. Zu den Traktordaten, die angezeigt wurden, gehörten die Fahrgeschwindigkeit, die Zapfwellendrehzahl, die Betriebsstunden, die Motordrehzahl und so weiter. Darüber hinaus konnte man sich aber auch betriebswirtschaftliche Werte berechnen lassen, wie die Bearbeitungszeit, die zurückgelegte Strecke, die bearbeitete Fläche, die Flächenleistung pro Stunde und mehr.

Nur ein uhrenartiges Anzeigegerät stand dem Fahrer des John Deere 1750 zur Verfügung.

Beim Mammut 74 von Eicher aus den siebziger Jahren gab es mehrere Anzeigeelemente.

DIE MODERNEN TRAKTOREN UND IHRE TECHNIK

Das Fahrerinformationssystem des Fendt Favorit 509 C aus den neunziger Jahren verfügt bereits über digitale Anzeigen, kann zahlreiche Werte ermitteln und sogar Berechnungen anstellen.

Moderne Fahrerinformationssysteme können eine bedeutend größere Anzahl von Betriebsdaten des Traktors anzeigen. Im Bereich Motor und Getriebe gehören dazu die Einspritzmenge, die Motortemperatur, der Ladedruck, die Getriebeübersetzung und das Drehmoment an der Fahrkupplung. Neben der Fahrgeschwindigkeit liefern moderne Systeme Informationen über den Schlupf, den Reifendruck, den Lenkwinkel und die Vorderachslast. Im Zusammenhang mit dem Kraftheber und dem angebauten Arbeitsgerät kann sich der Fahrer über die Zapfwellendrehzahl, die Arbeitstiefe, die Zugkraft, die Position des Gerätes und die Gerätefunktion informieren. Dies sind natürlich jede Menge Daten, die den Fahrer leicht überfordern können. Fahrerinformationssysteme sollten deshalb nicht nur die technischen Kenngrößen anzeigen, sondern unter Umständen auch Handlungsempfehlungen ausgeben. Dazu können Warnhinweise zählen, wenn zum Beispiel die Betriebstemperatur einen kritischen Wert erreicht hat. Auch ein eigenständiges Handeln des Systems ist möglich. Ein denkbarer Fall wäre ein selbständiges Ausschalten des Traktors, um Schäden zu verhindern, wenn bestimmte Werte ermittelt werden.

Vorgewende-Management

Das zentrale Element moderner Fahrerinformationssysteme ist der Computer. Die Verarbeitungskapazitäten der Computer haben in den letzten Jahren enorm zugenommen, ebenso sind die Einsatzmöglichkeiten des Elektronikgehirns gestiegen. Der Bordcomputer kann mittlerweile bei modernen Traktoren mehr Aufgaben übernehmen als nur Informationen zu sammeln und Berechnungen anzustellen. Er kann dem Fahrer sich wiederholende Bedienvorgänge abnehmen. Ein Beispiel dafür ist das Vorgewende-Management, mit dem vor allem große Schlepper ausgestattet sind. Bei Feldarbeiten wiederholen sich am Vorgewende immer wieder bestimmte Tätigkeiten. So müssen beispielsweise die Zapfwelle abgeschaltet, das Hubwerk gehoben und nach dem Wendevorgang das Hubwerk gesenkt und die Zapfwelle wieder angeschaltet werden. Bei der Ausstattung mit einem Vorgewende-Management-System müssen diese Tätigkeiten nur einmal von Hand durchgeführt werden. Sie werden bei der ersten Fahrt aufgezeichnet und abgespeichert. Zum Aktivieren der Vorgewendeabfolge ist beim nächsten Mal nur ein Knopfdruck nötig. Wenn der Traktor abgestellt wird, bleiben die Funktionen gespeichert, so dass nach einem Neustart auf die gleiche Weise weitergearbeitet werden kann. Zu den Vorteilen eines Vorgewende-Managements gehören die Entlastung des Fahrers und die Beschleunigung des Wendevorgangs.

Alle großen Traktorhersteller bieten ein solches System an. Das HMC-Vorgewende-Management von Case IH kann beispielsweise bis zu 35 Traktorfunktionen selbständig ausführen.

Exaktes Fahren
Nicht nur der Computer, auch GPS hat Einzug in den Traktor gehalten. Durch die Kombination dieser beiden Techniken ergeben sich Möglichkeiten, von denen man vor wenigen Jahrzehnten nicht einmal zu träumen gewagt hätte. Das „Global Positioning System" (GPS) wurde ursprünglich zu militärischen Zwecken entwickelt. Heute wird es für zahlreiche zivile Zwecke genutzt, darunter auch in der Landwirtschaft. Mit der entsprechenden Ausstattung kann es zur Vermessung von Feldern, zur Ertragskartierung, zum gesteuerten Ausbringen von Dünger oder Pflanzenschutzmitteln und so weiter eingesetzt werden. Am häufigsten wird GPS beim Traktor wohl zum exakten Steuern verwendet. Dabei wird zwischen Fahrhilfen und automatischen Lenksystem unterschieden. Bei einer Fahrhilfe wird dem Fahrer auf einem optischen Display eine Spur vorgegeben. Auf das Abweichen kann durch einen Signalton hingewiesen werden. Beim automatischen Lenksystem übernimmt dagegen das System selbst das Steuern. Der Fahrer muss nur noch am Vorgewende eingreifen. Bei beiden Techniken muss der Fahrzeugführer lediglich am Anfang eine Referenzspur festlegen. Die Anfangs- und der Endpunkt werden abgespeichert. Das System berechnet dann mit Hilfe von GPS die entsprechenden Parallelspuren.

Automatische Lenksysteme sind nur auf sehr großen Feldern rentabel einsetzbar. Die hohen Investitionskosten können sich jedoch dadurch bezahlt machen, dass Spurüberschneidungen vermieden werden. Arbeiten unter schlechten Sichtverhältnissen oder in der Dunkelheit sind kein Prob-

Das Vorgewende-Management-System erleichtert das Wenden bei diesem John-Deere-Traktor.

DIE MODERNEN TRAKTOREN UND IHRE TECHNIK

Präzisionslandwirtschaft bei John Deere: Das RTK-System von John Deere besteht aus einer Basisstation, die über RTK-Funk Korrektursignale an den StarFire-iTC-Empfänger auf dem Traktor sendet. Die Basisstation verfolgt die Konstellation der GPS-Satelliten und berechnet daraus kontinuierlich eine Position.

Auf ein exaktes Ausbringen der Spritzmenge wird heute ein großer Wert gelegt. Das automatische Lenksystem kann dabei sehr hilfreich sein.

lem mehr. Auch im Zusammenhang mit der „Präzisionslandwirtschaft", dem Ausbringen von genau festgelegten Mengen von Dünger und Pflanzenschutzmitteln, spielen die Lenksysteme eine Rolle. Sie helfen nicht nur die Umwelt zu schonen, sondern auch die Kosten zu senken.

Die großen Traktorhersteller haben ihre eigenen Spurführsysteme auf den Markt gebracht. Bei Fendt heißt es „Auto-Guide". Von „Agrosky" spricht man bei Deutz-Fahr", und bei Claas ist es Teil von „Agrocom". „GreenStar AutoTrac" wird das von John Deere entwickelte Lenksystem genannt. Außer bei Traktoren kommt diese Technik auch bei Mähdreschern und selbstfahrenden Feldspritzen zum Einsatz.

Daten sammeln

Angesichts wachsender gesetzlicher Vorschriften und betriebswirtschaftlicher Anforderungen wird es immer wichtiger, Daten im Zusammenhang mit Traktoreinsätzen zu erfassen und zu verarbeiten. Auch hier spielt der Bordcomputer eine wichtige Rolle. Die Hersteller bieten jeweils eigene Produkte zu diesem Zweck an. Die Fendt-Traktoren können beispielsweise mit dem „Modularen Datenerfassungs-System" (MoDaSys) ausgerüstet werden. Das MoDaSys nimmt die Betriebsdaten über eine Vielzahl von Sensoren auf. Diese Daten können über das Terminal in der Kabine ausgelesen und weiterverarbeitet, im CSV- oder XML-Format abgespeichert oder per Bluetooth oder GSM auf den Hofcomputer übertragen werden. Auf dem Arbeits-PC können sie dann für die Buchhaltung, Aufwandsprotokollierung, Dokumentation oder Rechnungslegung verwendet werden.

DATEN SAMMELN

„Field Doc" heißt ein System von John Deere, mit dem es möglich ist, Informationen über die Felder, Arbeitsgänge und so weiter zu erfassen. So kann zum Beispiel dokumentiert werden, wer mit welcher Maschine gearbeitet hat, welches Produkt und welche Menge ausgebracht wurde, wo und wann genau der Einsatz stattgefunden hat. Einsätze können auch zu Hause vorbereitet, auf einer Daten-Karte abgespeichert und dem Fahrer übergeben werden. Dieser kann dann den Auftrag auf dem Display in der Traktorkabine auswählen. Die Koordinaten der Maschinen können jede Sekunde ermittelt werden, so dass man den Einsatz später auf dem PC genau nachvollziehen kann.

Ähnliche Systeme werden auch von anderen Herstellern angeboten. Der Computer hat heute seinen festen Platz in der Traktortechnik. Innerhalb eines Jahrhunderts hat sich der Schlepper von einer einfachen Zugmaschine zu einem High-tech-Fahrzeug gewandelt. Der „intelligente" Traktor wurde von einigen Herstellern bereits in der Prä-Computer-Ära proklamiert. Aber nun, mit einem modernen Elektronikgehirn ausgestattet, scheint er nicht mehr weit davon entfernt zu sein.

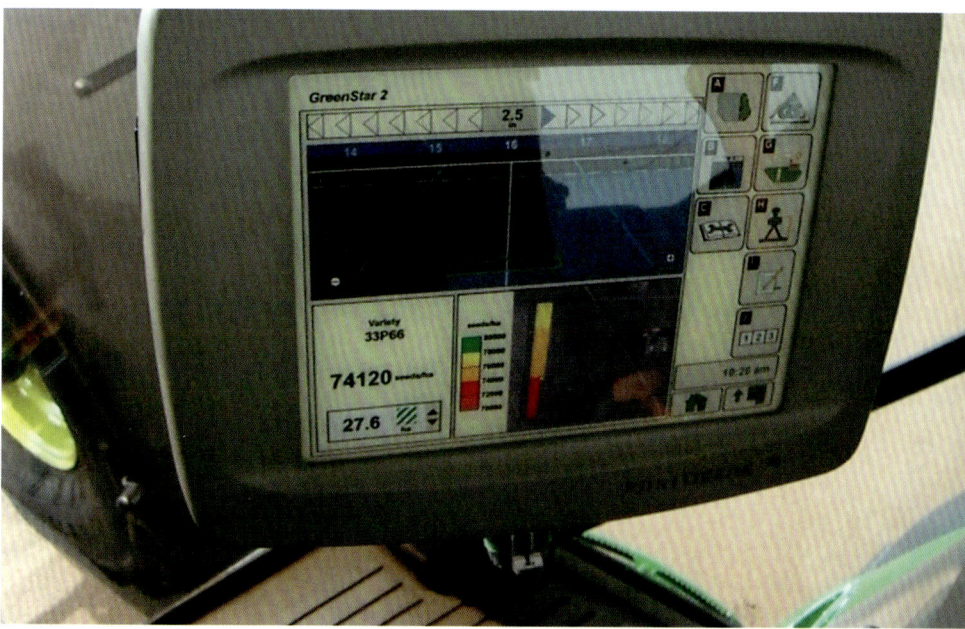

Zahlreiche Daten können in modernen Traktoren ausgelesen und gesammelt werden. Das Terminal bietet dabei eine Hilfe.

Bedienelemente eines Agrotron von Deutz-Fahr. Der Bordcomputer hat sich zum „Gehirn" des Traktors entwickelt.

ÜBER DEN AUTOR / BILDNACHWEIS

Albert Mößmer wurde 1958 in Dachau geboren. Seine ersten Erfahrungen mit der Landwirtschaft sammelte er auf dem Anwesen seiner Eltern im Landkreis Freising. Nach einer technischen Ausbildung war er mehrere Jahre im Maschinenbau tätig. In dieser Zeit entdeckte er seine Begeisterung für klassische Traktoren und Landmaschinen, deren Geschichte und technische Entwicklung ihn bis heute faszinieren. Der Wirtschafts- und Sozialwissenschaftler ist als selbstständiger Webentwickler und IT-Berater tätig. Von Albert Mößmer sind im GeraMond Verlag bereits erschienen: „Das große Buch der Traktoren", „Eicher – Das Typenbuch", „Fendt – Das Typenbuch" und „Deutz – Das Typenbuch".

Bildnachweis

AGCO: 33 unten, 87, 123 unten

AGCO / Fendt: 38/39, 40/41, 55 unten, 73 oben, 82 unten, 101, 109 unten, 116, 124, 125 beide, 127 unten, 130, 132 unten

Allgaier: 105 beide

Amazone: 56

Antonio Carraro: 93, 99 oben, 95, 108

Bassum: 18 unten

Abraham Bloemart: 15

Peter Brueghel: 13 unten

BulldozerD11: 103

Case New Holland: 17, 18 oben, 20, 27 unten, 30 unten, 31, 32, 34 beide, 35, 69 oben, 91, 92 oben, 109 oben, 127 oben

Claas: 64/65, 96 oben, 97, 117, 118

Daimler: 47 unten, 50 unten

Ferguson-Brown: 33 oben

Francesco del Cossa: 12

Hanomag: 49 unten, 50 oben, 54 unten, 122 unten, 123 oben

JCB: 119

Jackie Egginton / Dreamstime.com: Vorsatzbild

John Deere: 2, 26, 27 oben, 67 unten, 94 oben, 131, 132 oben

Kemna: 21 oben

Komnick: 25 oben

Lanz: 19, 22, 29 unten, 38 oben, 42, 43 beide, 44 unten, 54 oben, 55 oben, 76 oben, 77, 86, 104 unten, 122 oben

Library of Congress: 28 unten

Jacob Lohner & Co.: 85 unten

MAN: 38 unten

A. Meltzer: 130

MIAG: 52 oben

Albert Mößmer: 23, 24, 36 oben, 44 oben, 45 beide, 46 oben, 47 oben, 49 oben, 53, 57 beide, 58, 59 oben, 60 beide, 61, 62, 63, 66, 67 oben, 68, 69 unten, 71, 72, 73 unten, 76 unten, 78, 79, 81, 82 oben, 83 beide, 84, 88, 89, 92 unten, 94 unten, 106, 107 beide, 110/111, 113 beide, 114 beide, 115, 121 oben, 129 beide, 133 oben

Opel: 25 unten

Pöhl: 51

Porsche: 70

Porsche-Diesel: 75 unten

Primus: 59 unten

Reform-Werke: 100

Renault: 37 oben, 37 mitte

Ritscher: 52 unten

Adam Rodach: 104 oben

Renault: 121 unten

Ruhrstahl AG: 80

Same Deutz-Fahr: 8/9, 300, 36 unten, 48 beide, 90, 102, 96 unten, 112, 128 beide, 133 unten, Nachsatz

Sammlung Mößmer: 10, 11 beide, 14 unten, 16, 21 unten, 28 oben, 29 oben, 46 unten, 85 oben, 98 beide, 120

Georges Seurat: 14 oben

Stihl: 75 oben

Steyr: 37 unten

Valtra: 99 unten

Wleiter: 126

Ebenfalls erhältlich...

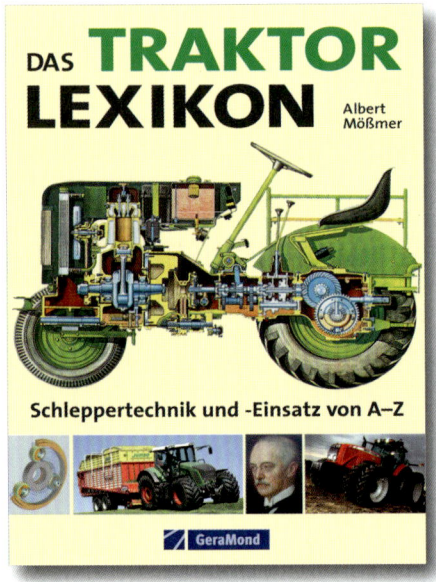

ISBN 978-3-7654-7809-3

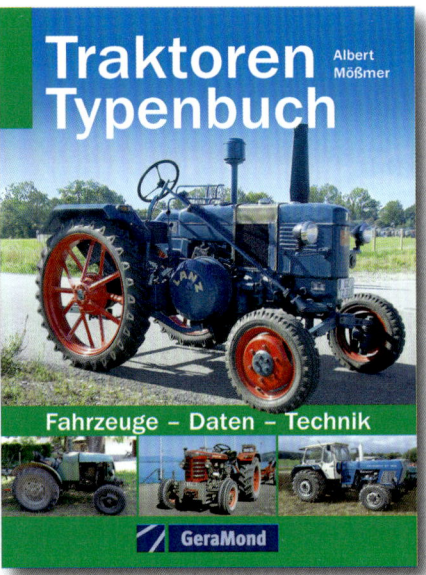

ISBN 978-3-7654-7793-5

ISBN 978-3-7654-7792-8

ISBN 978-3-7654-7786-7

ISBN 978-3-7654-7731-7

www.geramond.de

Der Agrotron X gehört zur Oberklasse der Deutz-Fahr-Schlepper. Große Flächen lassen sich mit ihm schnell und rationell bewirtschaften.